上：大間漁港に水揚げされたばかりのマグロ　©谷口巧
下：大間沖で一本釣りをする漁師・傳法範隆。右手にテグスを持ってアタリを待つ　©谷口巧

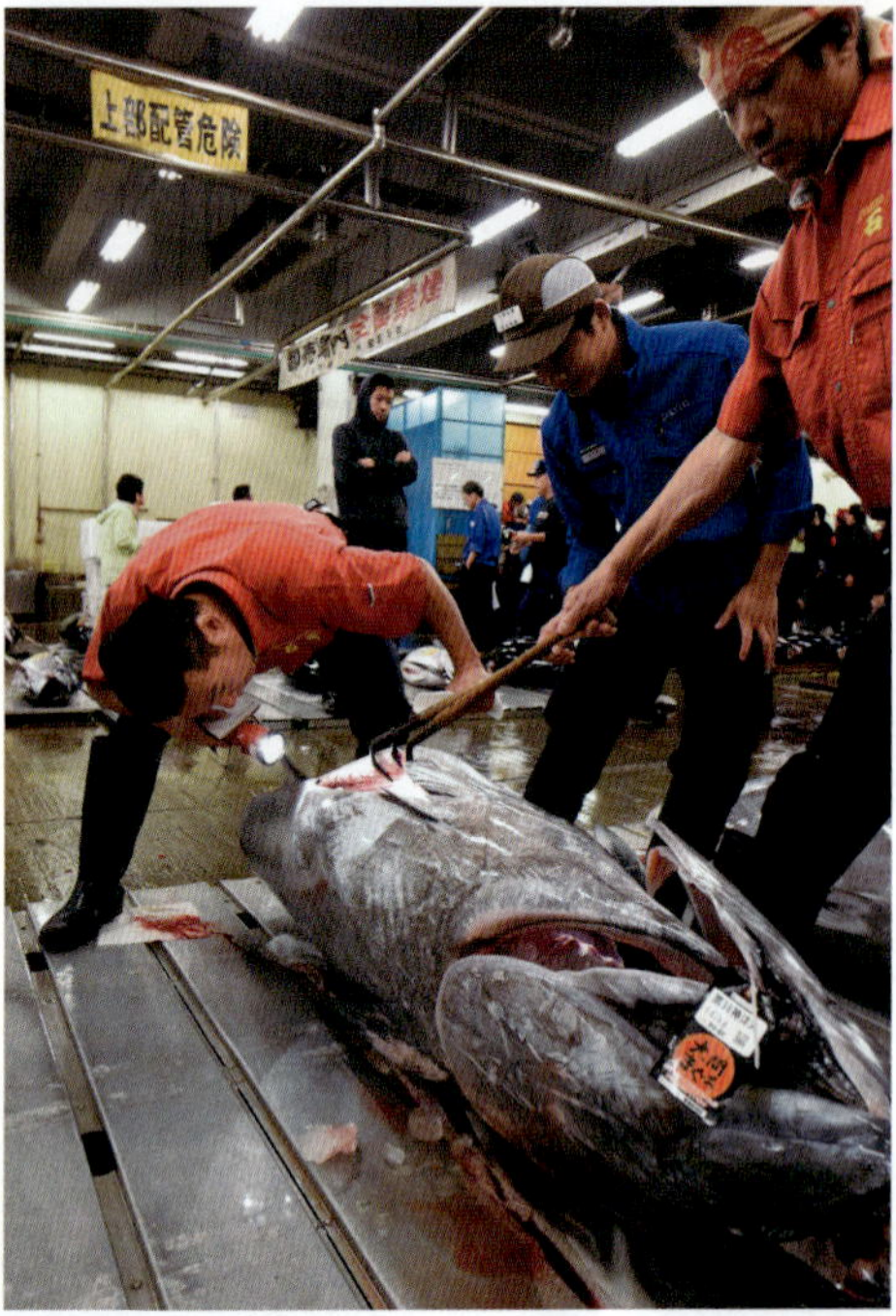

右：競り前に手鈎と懐中電灯で「下付け」をする、仲卸・石司の篠田貴之 ©鵜澤昭彦

下：背側の四つ身を見てどこを買うか決める、㐂寿司の油井一浩。左は石司の篠田 ©岡本寿

上：㐂寿司の板場で「背ナカ」に包丁を入れる油井　©岡本寿
下：国産本マグロの、味と香りが立つ「血合いぎし」を、
「鞍掛け」という握り方で　©キッチンミノル

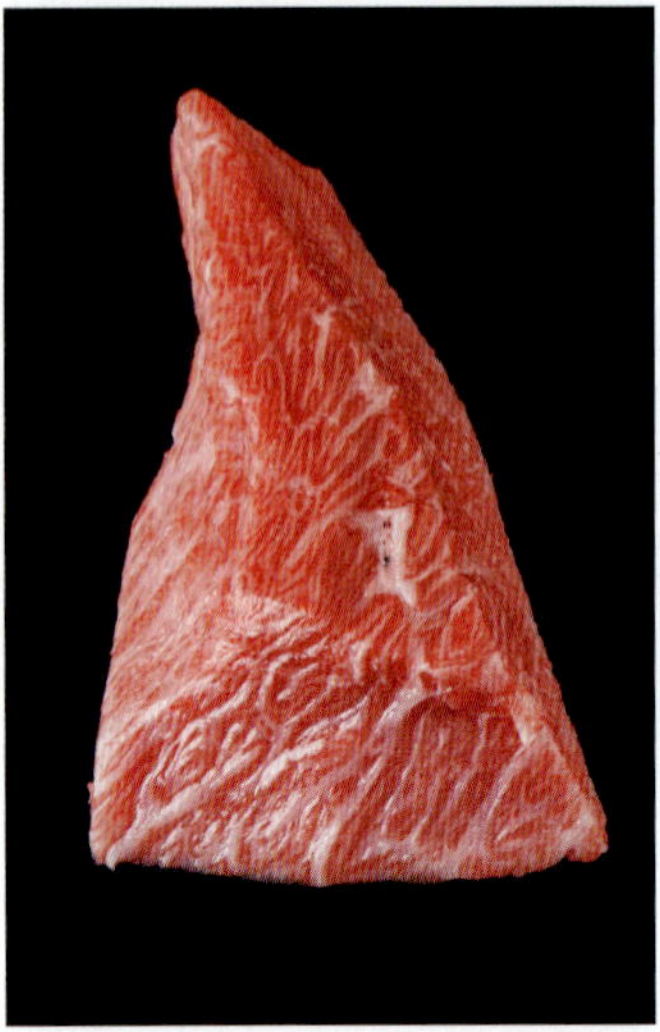

右：寿司金の主人・秋山弘。目にも止まらぬ速さで握る　©岡本寿
左：カマトロのサク。石司から仕入れた、大間の138キロの魚のもの　©岡本寿
下：カマトロの握り。煮切り醤油がひと刷毛塗られ、シャリは粒と粒の間に空間をもたせてある　©岡本寿

マグロの最高峰

中原一歩 Nakahara Ippo

NHK出版新書
609

はじめに

本当に旨いマグロは人生観さえ変えてしまう——。

そんな迷信めいた言葉を耳にしたのは、ずいぶん昔のことだった。言葉の主は、東京・銀座に店を構えていた、その世界ではつとに名の知れた鮨屋の名店の主人だった。

世の中に旨い食べ物は星の数ほどある。しかし、ただ旨いのではなく、人生観さえ変えてしまうというのだから話は尋常ではない。私はノンフィクションの書き手として、この主人の言葉を頼りに十年かけて、マグロに魅入られ、のめり込み、人生をマグロに捧げてきた食のプロたちを追いかけてきた。

それまでも、冷たいみぞれ混じりの雨と、耳がちぎれるような風が吹き付ける中、マグロ漁師の船で海に繰り出して地獄を見たことがあったし、マグロにこだわって取材をしていたため、人並み以上にマグロを食べてきたという自負もあった。しかし、自分の人生にマグロを重ね合わせたことは、一度もなかった。

人生観を変えるというマグロに出会ってみたい――。私はさらに意地になって、国内最高峰と言われるマグロを片っ端から胃袋に収めていくことになった。当然、それなりの散財をする羽目になるのだが、そうした経験を経てたどり着いた一つの答えがある。

「マグロほど、人間の食指を動かし、前のめりにさせる別格の旨さを秘めた魚はない」

しかしその一方で、こうした感慨を抱かせるのは、〝マグロ界〟の頂点に君臨する生の本マグロ（クロマグロ）の中の、さらに一握りの魚でしかないことも知った。なぜ、マグロは私たちの胃袋を鷲掴《わしづか》みにして離さないのだろうか――。

そして、「味」と並行して注目されるのが、その想像を絶する「価格」だ。〝海のダイヤ〟の異名をとる本マグロの値段は、平時でも一匹あたり国産車一台分に相当する。ご祝儀相場が期待される正月ともなれば、平時の百倍、数億円に化けることだってある。事実、二〇一九年の正月には三億三千三百六十万円という史上最高値が飛び出した。一匹の魚に三億円である。人類史上稀に見るこの「三億マグロ」事件は、メディアによって国内はもとより、全世界で大々的に報道された。なぜ、空前の破格値が出たのだろうか。本書はそうした、国内最高峰のマグロをめぐる謎にも迫っている。

私が本書を執筆しようと思ったのは、あるマグロ漁船に乗り、折からの波と風に揺られていた時だった。漁師に言わせればさほどでもない天候だったにもかかわらず、私の目には、波が鉛色の壁に見えた。その壁が船の脇腹を叩くたびに、私の体は右へ左へと木の葉のように舞った。そして、嗚咽《おえつ》の果てに胃袋が空になり、起き上がる気力も失って船の甲板に突っ伏してしまったのだ。後悔の念と共に「板子《いたご》一枚下は地獄だぞ」という漁師の言葉を反芻《はんすう》した。

その時ふと思ったのである。この板子一枚下を何百、何千匹というマグロがゴウゴウと泳いでいるのだ。船底に耳を当て、目をつぶると、そんなマグロの群泳が目に浮かぶようだった。彼らは太古の昔から今日まで片時も休むことなく泳ぎ続けている。考えてみると太平洋に生息するマグロは、沖縄のさらに南のフィリピン南西沖で産卵し、孵化《ふか》した幼魚が黒潮に乗って台湾を経由し、日本近海に到達する。黒潮は太平洋と日本海に分かれ、マグロもそれに乗って日本沿岸を北上する。つまり日本列島はすっぽりと、マグロの回遊路の内側に収まっているのだ。マグロの回遊路の内側に存在する日本。その日本を代表する鮨という文化の頂点に君臨するマグロ――このマグロについて書かないわけにはいかない、と思ったのである。

本書は、国内最高峰のマグロがどのように誕生するのかについて、産地から市場、そして鮨屋のカウンターを経て私たちの胃袋に収まるまで——つまり川上から川下までを追いかけた一冊だ。また、いま出版するのは、そんな国内最高峰のマグロが絶滅の危機に瀕しているからでもある。マグロの価値と実態をなんとか読者に伝えたいというのも、本書を執筆しようと思った動機の一つである。

そして最初に断っておきたいことがある。本書で登場する「マグロ」とは、とくに説明がない限り「本マグロ（クロマグロ）」を指すということだ。国内で流通するマグロには、ミナミマグロ（インドマグロ）やメバチマグロ、キハダマグロなどがある。これらももちろん旨いが、〝マグロの最高峰〟を追いかけることを大前提とするので、やはり本マグロをめぐる冒険が本書のテーマになる。

本マグロを「真鮪」と書いた人物がいる。今は亡き俳優・緒形拳《けん》だ。緒形は吉村昭原作の映画『魚影の群れ』でマグロを獲る海の男を演じ、喝采を浴びた。マグロの中のマグロだから「真鮪」。その『魚影の群れ』の舞台となり、今や〝マグロの聖地〟と呼ばれるようになった青森・大間《おおま》をめぐる旅から、本書を始めることにしよう。

マグロの最高峰　目次

校閲　高橋由衣
DTP　角谷　剛
JASRAC 出一九一二二七八七—九〇一

第一章 なぜ「大間の一本釣り」は旨いのか

「大間」とはどこか

「ここ本州最北端の地」

大間町の突端は大間崎《おおまざき》と呼ばれ、そこに立つ羊羹《ようかん》型の石碑にはこう記されている。北緯四十一度三十二分、東経百四十度五十四分。ここから津軽海峡を隔てた北海道函館市の汐首岬《しおくびみさき》まで直線距離十七・五キロしかない。冬の夕暮れ時、この岬に立つと、低く垂れ込めた鉛色の厚い雲の切れ目から、残照に映える渡島《おしま》（北海道の旧名）連峰の陰影がくっきり浮かび上がる。

人口およそ五千人の大間町は、本州と北海道を隔て、太平洋と日本海を結ぶ津軽海峡の太平洋側の入り口に位置する。町の至る所にマグロを模した巨大なモニュメントやポスター、のぼりがはためく。ただ、日本一のマグロの町といっても、目抜き通りの商店街は閑散とし、シャッター通りと化している。

町の総面積はおよそ五十二平方キロメートル（東京の足立区とほぼ同じ面積）。町の八割をクロマツやヒバ、ブナなどの森林が占めていて、集落は三方を海に囲まれた半島の先、猫の額ほどの面積に肩を寄せ合うようにして家々が密集している。

現在、東京から大間を目指すには大きく分けて二つのルートがある。まず一つ目は、東

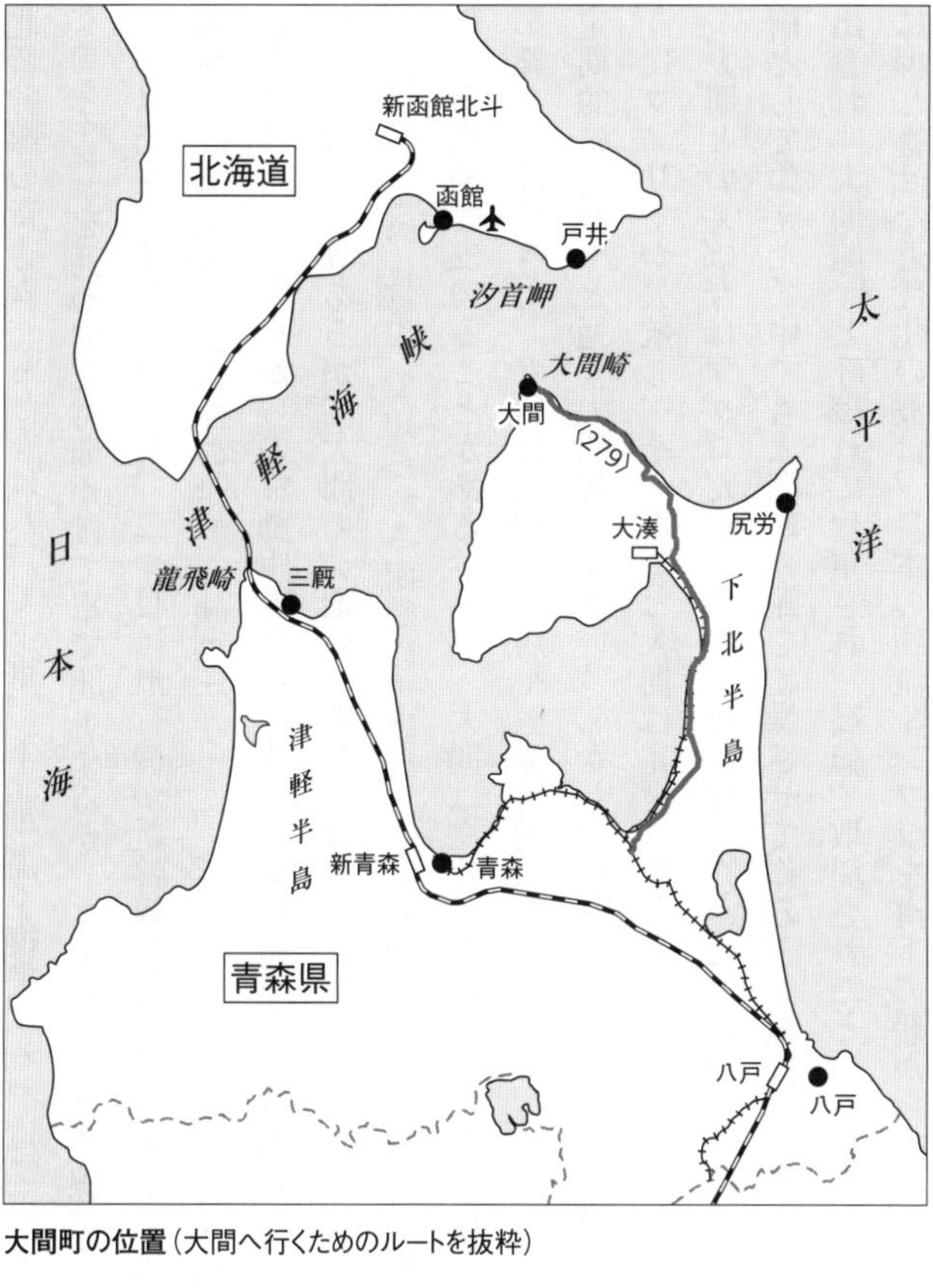

大間町の位置（大間へ行くためのルートを抜粋）

北新幹線の新青森、もしくは八戸で下車。下北半島を縦貫する国道二百七十九号（通称はまなすライン）を通って三時間かけて車で北上するか、ローカル線と路線バスを乗り継いで大間を目指す方法だ。そして、二つ目は飛行機か新幹線を使って北海道函館市に入り、津軽海峡を縦断する一日二便の津軽海峡フェリー「大函丸《だいかんまる》」に一時間半ほど揺られる方法だ。いずれにしても東京からの移動距離は軽く八百キロを超える。日本各地に「僻地《へきち》」と呼ばれる地域は多数あるが、大間の交通の便の悪さは突出している。

「百万ドルの夜景」で知られる函館の市民は、そんな閉ざされた対岸の町を「函館市大間町」と言って皮肉ることがある。事実、大間は文化、経済の面でも対岸に位置する函館の影響を受けてきた。町には大型量販店や医療機関が少ないので、今でもフェリーに乗って定期的に函館へと通う大間町民は多い。しかし、低気圧が日本海に居座る冬は、毎日のようにフェリーが欠航し、そうなると大間は完全に閉ざされた、本州の袋小路となる。

大間といえば今はマグロだが、かつては「鮑《あわび》」だった。江戸時代、大間は海上交通の要衝として栄えた。中でも大間産の鮑を乾燥させて作る干し鮑は、高級食材として中国に輸出され「大間鮑」と呼ばれて珍重され、高値で取引されたという。ところが明治維新と共に押し寄せた近代化の波は、日本の物流インフラを海上の船から内陸の鉄道へと急速に変化させた。北前船が廃止され、海上交通網が断ち切られると、大間は一転して陸の孤島と化してしまったのだ。

二つの回遊ルート

それにしてもマグロはなぜ津軽海峡にやってくるのだろうか――。

フィリピン南西沖で生まれたマグロは、黒潮に乗って日本近海にやってくる。黒潮は、沖縄本島の西およそ百キロに位置する久米島の沖で分岐し、一つは太平洋ルート、もう一つは日本海ルートに分かれて日本列島に沿って北上する。したがって、マグロも太平洋ルートと日本海ルートに分かれて北上し、やがて津軽海峡周辺で合流するのだ。そのためマグロの水揚げ漁港は日本各地に点在し、季節によって異なる。

太平洋側では春は四国沖の高知や室戸、夏になると和歌山・紀伊半島や千葉・銚子。秋には宮城・塩釜。秋から冬は津軽海峡、北海道・噴火湾などだ。

日本海側は冬から春は長崎・壱岐、山口・萩。夏は鳥取・境港、新潟・佐渡。秋から冬にかけて青森・深浦、もしくは三厩《みんまや》、北海道・松前となる。

しかし、実はマグロは、単に黒潮に乗って日本沿岸を北上しているわけではない。餌《えさ》と

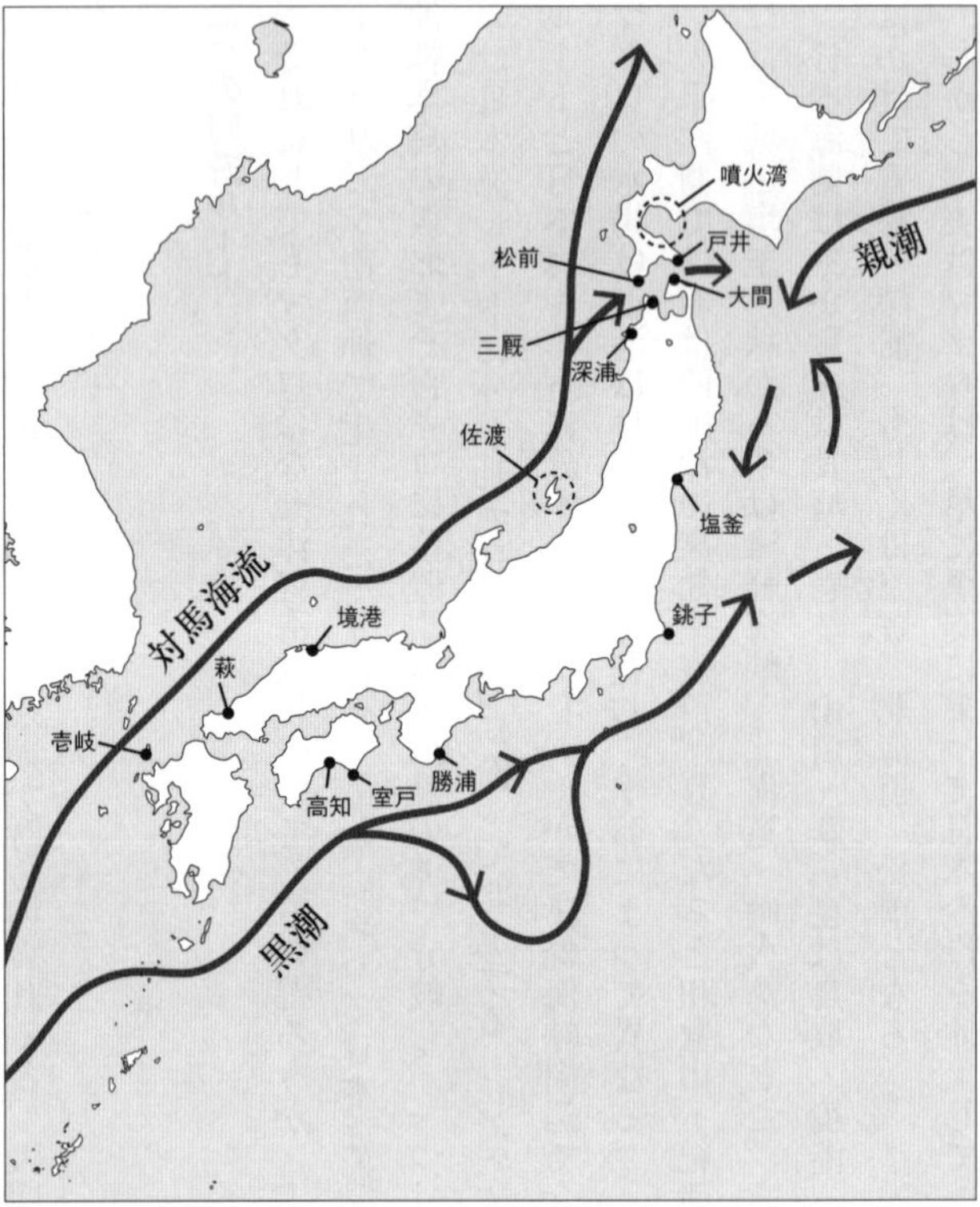

日本列島と海流と各地の港

なる小魚を追いかけて大間沖までやってくるのだ。津軽海峡には、宗谷《そうや》海峡を経てオホーツク海へと到達する対馬海流の一部が津軽暖流となって流れ込む。一方、太平洋側の入り口では、太平洋を北上する黒潮の一部と、千島列島に沿って南下する千島海流（親潮）が混じり合う。これらの三つの海流の影響を受ける津軽海峡近辺では、マグロの餌となる小魚が食べるプランクトンが大量発生する。津軽海峡のマグロが好むのはサンマとスルメイカだ。釣れたばかりのマグロの腹を割くと、パンパンに膨らんだ胃袋から大量のスルメイカが出てくることがある。

津軽海峡は深いところで水深二百メートル以上、大間漁港の目と鼻の先にある弁天島灯台付近でおよそ二十メートル。海底の地形は起伏に富んでいる。海底の凹凸部分は「根」と呼ばれ、これもプランクトンが大量発生する温床だ。

マグロは極めて気まぐれな魚で、水面近くをバシャバシャと泳ぎまわる日もあれば、水中深くに潜ったままぷっつりと気配を消し、姿を見せない日が続くこともある。海や魚のこうした性質に加えて、天候、気温、湿度などの気候条件が影響してくる。風向きが一つ変わるだけで漁師は漁場を変えるほどだ。

大間のマグロ釣りがスタートするのは、毎年、七月の海の日に町をあげて行われる大漁祈願祭（天妃様行列）のあと。最盛期は晩秋から年末だ。マグロは正月を迎えると、いつともなく海峡からその姿を消し、きびすを返すようにして、回遊してきた海道を南下し始める。マグロは十数匹から百匹単位の群れを作って時速数十キロとも言われるスピードで移動するが、その回遊については謎が多く、全てが明らかにはなっていない。ただ、津軽海峡から姿を消したマグロが翌日には新潟・佐渡沖に出現するというから驚きだ。

一人の漁師が何本釣るか

現在、大間には何人の漁師がいるのだろうか。

大間町には「大間」「奥戸《おこっぺ》」という二つの漁業協同組合がある。マグロが水揚げされる大間漁協には現在、六百九十六名の組合員が所属し、正組合員（年間九十日以上の操業実績のある漁師）はおよそ三百四十七名。そのうち二百名がマグロ漁に出る。

町の少子高齢化に伴い、漁師の大半が六十代以上。四十代は三十名、三十代と二十代は合計しても二十名弱だ。一方、最高齢の漁師は八十九歳。大間では還暦（数え年で六十一歳）どころか古希（数え年で七十歳）を超えた漁師も現役で海に出て、二百キロを超えるマグロと真っ向から勝負する。

漁師というと、無口で、演歌が好きで、大酒飲み。頭にタオルを巻いて、ヤッケ（防寒用の上着）に長靴姿。そんな画一的なイメージが先行してしまうが、最近の漁師の中には、茶髪にピアスのストリート系の若者もいる。

農林水産省の発表によると、二〇一八年の漁船漁業の平均収入は八百四十万円で、そのうち、燃料代や漁具代などの支出を差し引くと、いわゆる漁師の儲けの平均は二百四十九万円だそうだ。これはマグロ漁だけの数字ではないが、全国的に漁業への若者の参入は増加しているとは言い切れず、日本の漁業は斜陽産業と言われて久しい。

ただ、大間では毎年、数人ではあるが若い漁師が誕生している。マグロ漁師の倅《せがれ》は、やはり父の背中を追う。子どもの頃から父の船に乗り、手伝いをしてきたサラブレッド達は、大物を釣り上げた父親の姿が憧れだったという。「いつか自分もマグロ漁師になりたい」。親子で船に乗る漁師も大間では少なくない。また、テレビなどメディアへの露出が増えた影響もあり、大間には、サラリーマンをやめ、よその町から裸一貫で大間にやってきたという強者もいる。新規参入者に共通するのは、一匹の魚が時に三億円にも化けるマグロ漁を、己の努力次第では一攫千金の夢を見られる数少ない仕事と捉えている点だ。

私が、当時四十歳だった傳法《でんぽう》範隆さんと出会ったのは二〇一七年のことだった。私は料理雑誌『dancyu』の取材で大間に滞在していて、その取材の様子をツイッターに投稿したのがきっかけだった。それを見た傳法さんが返信をくれたのだ。

自己紹介の欄にこんな一文があった。

「マグロ漁師です。駆け出しの四年目の新米です」

大間出身の傳法さんは、地元の中学校を卒業後、就職のために故郷を離れて関東を転々とした。畳職人、配送業のトラック運転手などを経て、三十五歳で大間に戻り、父の船に乗りながらマグロ釣りを勉強していた。傳法さんは社会人を経験したこともあってコミュニケーションに長け、何より言葉が聞き取りやすい。これは、取材をする側にとって大変ありがたかった。

大間では自分を「わ」、相手を「な」、私たちを「わいど」、目上の人を「おめ」と言う。その物言いは荒く、ぶっきらぼうに思える。北前船の影響を受けた大間は関西とのつながりが深く、ありがとうは「おっきに」と言う。東北の言葉はよそから来た人には聞きとりにくい。傳法さんとお父さんが大間言葉で会話を始めると、横で聞いていても何を言っているのか、さっぱり分からなかった。高齢の漁師の話し言葉が聞き取れるようになるまでには時間を必要とした。

傳法さんはマグロ漁師ではあるが、マグロ専業ではない。春はサクラマスやウニ、夏は昆布を中心にヒラメやブリを獲って生活している。津軽海峡は豊饒の海なのだ。テレビなどの影響で大間にはマグロで稼いだ「マグロ御殿」が乱立しているようなイメージがあるが、実際には二百人いる漁師のうち、マグロ専業で生計を立てられているのは二十人いるかいないかである。大間では少なくとも百キロ以上を釣り上げないと、それより小さいマグロはメダカだと笑われるそうだ。

大間で獲れたマグロは、必ず「高値」と共に「希少」だとか「幻」だとか形容される。では、いったい何匹のマグロが年間に水揚げされているのか。私も取材に出かける前は、多くても百本程度だと思い込んでいた。しかし、大間漁協の職員に話を聞くとこんな答えが返ってきた。

「年間、およそ二千本のマグロが水揚げされます（二〇一七年当時）。これらのほとんどが東京に送られて競りにかけられるのです。大間漁協の年間の売り上げは十五億円程度。その六割をマグロが占めます。次に多いのは昆布とスルメイカです」

この数字だけを見ればかなりの本数が水揚げされているように思えるが、実際の漁師の頭数で割るとどうだろうか。職員はこう続ける。

「仮に二千本を漁師の人数で割ると一人十本。これを一カ月単位にすると一本弱。しかも、その一本が百キロに満たなかったらどうでしょうか。一匹の魚が数千万円、数億円に化けるマグロ漁は確かに夢がありますが、マグロ漁だけで食べていける漁師はほとんどいない。三年以上、一本も釣れていない漁師だっていますから」

実際、傳法さんも長い間、マグロの姿を拝んでいないという。

値段の決まり方

大間漁協で水揚げされたマグロは全て、東京都中央卸売市場（豊洲市場）などに送られ、競りにかけられる。

大間から豊洲市場を目指すトラックは、翌朝五時台に行われる競りに間に合うように、前日の早朝七時に漁協を出発する。通常、水揚げされた魚は、その日のうちに地元で競りが行われ「浜値《はまね》」と呼ばれる値段がつく。ところが、マグロは、どんな大物を釣り上げたとしても、地元で競りが行われることはまずなく、東京で競り落とされるまでいくらになるかは分からない。

マグロ漁は博打《ばくち》である――。

大間でマグロにかかわる関係者は必ずこう言う。そもそも大自然を相手に生きる漁師という職業そのものが、博打的要素を多分に含んでいるが、大間のマグロ漁師の稼ぎは、豊洲市場で競りに参加する「仲買人《なかがいにん》」に委ねられているがゆえに、自分で値段をコントロールはできないのだ。

大間のマグロは、いったい、いくらで取引されているのだろうか。

一口に大間のマグロと言っても、そのキロ単価は五千円から十万円超と様々だ。豊洲関係者によると、平均キロ単価は八千円前後。年末にはこれが二万円、三万円へと釣り上がる。

例えば、百二十キロのマグロが釣れたとしよう。これを豊洲に送った場合、漁師の手元にはいくら入るのだろうか。次のような計算式が成り立つ。

百二十キロ×八千円＝九十六万円

ここから大間漁協（四パーセント）、青森県漁連（一・五パーセント）、豊洲の卸会社（五・五パーセント）の手数料が差し引かれる。その他に大間から豊洲までの輸送費、氷代などの雑費を差し引くと手元に残るのは全体の八割強にあたる八十万円ほどだ。この計算式に基づくと、二〇一九年正月に飛び出した三億三千三百六十万円のマグロを釣り上げた漁師の手元には、およそ二億六千六百八十八万円が転がり込んだことになる。

厄介なのは、マグロの相場が、季節や天候、何よりマグロそのものの良し悪しで大幅に変動することだ。大物であれば高いというわけではない。漁協関係者はこう説明する。

「マグロそのものに脂が乗っていない夏場は、どんな大物を釣り上げても高値はつかない場合が多い。けれども、夏場は夏場で本マグロの数そのものが少ないので、日によっては高値がつくこともある。また、シーズン中でも悪天候が続き、漁に出られない日が続くと、当然、その希少価値が上がるので価格も上昇する。反対に、穏やかな日が続き、市場にたくさんのマグロが並べば、希少でなくなるので単価は下がる」

その日の競りの様子はすぐに、豊洲から大間漁協に伝えられる。漁師への支払いは漁協が立て替える格好で毎月三回、「一」のつく日（一日、十一日、二十一日）に行われる。

さて、大間漁協の脇にある漁師小屋（通称麻雀小屋）では、一日の漁を終えた漁師同士がこんな会話を交わしている。

「今朝、何本出た？」

「三本」

「それでいくら？」

「ゴーマル（五千円）」

「俺んのは百五十キロだったべ」

「○○丸（別のマグロ漁師の船の名前）は、百二十キロでゴッパチ（五千八百円）か」

「まあまあだなー」

大間の漁師は終始、こんな具合で、沖にいなくても四六時中、マグロのことで頭がいっぱいなのだ。

いくつかの漁法

百キロを超えるマグロを、漁師はどうやって獲るのだろうか。

ある年の十一月、傳法さんの船に乗せてもらう機会を得た。この日は天候もよく、波が穏やかだった。ほとんどのマグロ漁師が朝から沖に出ているのに、昼になっても傳法さんの姿は陸にあった。なぜならば、この日は家族総出で大間名物の「昆布干し」の真っ最中だったのだ。夏から秋にかけて、五十センチほどの昆布を一枚ずつ広げ、天日干しにする風景は町のあちらこちらで見受けられ、風物詩となっている。

「親父の船でしょ。まず家の仕事を終わらせなければ、マグロ釣りたくても、行けない。

早く、大物を釣り上げて、自前の船を持ちたいけどなぁ」

昼過ぎ、ようやく作業が一段落すると、傳法さんは待ちかねたように沖へと向かった。船の名前は「春漁丸」。マグロ漁のスタイルは、大間では伝統の一本釣りだ。

そもそも、マグロ漁にはいくつか種類がある。代表的なものをここで紹介しよう。

○一本釣り（通称つり）

大間伝統のマグロの釣り方。大正時代あたりから大間に広がった。テグス（釣り糸）に釣り針、そして餌という極めて単純な釣り方。漁師とマグロがテグスを介して一対一で対峙する。長崎・壱岐では専用の釣り竿を使って釣るスタイルが普及している。

○延縄《はえなわ》漁（通称なわ）

幹縄《みきなわ》と呼ばれる一本のロープに等間隔で、餌と針のついた枝縄をつけ、海に流し、時間をおいて引き上げる漁法。幹縄の総延長は大間では百キロ程度だが、これが遠洋漁業にもなると一千キロにも及ぶ。枝針の数は二千本にもなるので、一度、縄を投入すれば、複数のマグロが獲れる。主に津軽海峡や遠洋漁業で使用される漁法。

○定置網漁（通称ていち）

海流に沿って回遊するマグロの性格を利用した漁法。沿岸近くのマグロの通り道にあらかじめ網を張り、回遊してきたマグロが網にかかるのを待つ。東日本の太平洋側をはじめ、新潟・佐渡などで行われている。

○巻き網漁（通称まきあみ）

マグロの群れを巨大な網で巻いて一網打尽にする。鳥取・境港や宮城・塩釜などで盛んな漁法。

大間の場合、一本釣りがほぼ七割を占めている。テグスと針と餌という極めて単純な仕掛けでマグロを釣る一本釣りは極めて原始的な釣りだが、広大な海にただ餌のついた仕掛けを流せばいいというものではない。漁師は津軽海峡のどこかに潜むマグロの群れを探し出し、その群れの鼻先に仕掛けを流す必要がある。そうしないとマグロを効率的に釣り上げることは不可能だ。

一方、大間で残り三割を占める漁法が延縄漁だ。誰でもすぐに始めることができる一本釣りに対し、延縄漁は専用の大型船を購入するなど多額の設備投資が必要になる。その上、操業には複数人の労働力が必要なので人件費も余計に発生する。個人で延縄漁に参入するのは限りなく難しい。地元の津軽海峡では一本釣りと延縄漁との間に、ある協定が結ばれている。日の出から日没の「日中」は一本釣り、反対に日没から日の出までの「夜間」が延縄と、操業が時間帯によって区別されているのだ。これは、一本釣りの仕掛けが延縄に絡まるなどのトラブルを未然に防止するためである。

一本釣りの手順

ここで問題になるのが「餌」だ。マグロ釣りに使う餌は、マグロがその日に捕食しているものでなければならない。サンマ、アジ、イワシ、スルメイカ、トビウオ、ブリの子（フクラギ）などだが、肝心なことは「生き餌《え》」であることだ。

そこで一本釣りの漁師は、実際のマグロ釣りの開始は日の出以降だが、まだあたりが真っ暗な早朝三時頃から出航し、沖でまず「餌」を釣る。マグロに対して疑似餌《ぎじえ》を使う漁師もいるが、やはり、生きている餌ほど釣れる確率は高いと言われている。一本釣りの場合、最低でも一日にスルメイカ五十杯、サンマ六十匹を消費する。マグロを釣る前に餌を釣らなければならない漁師の一日の労働時間は、十五時間を超える。漁師に必要とされる体力、精神力は半端なものではない。

しかし、昼過ぎの出航で、すでに餌を獲っている時間のない傳法さんは、生き餌の代わりに、あらかじめ塩漬けにしておいた「トビウオ」を使う。これも、餌を生かしておくための設備が船に搭載されていない時代から大間で使われてきた伝統的な手法だ。

この日の海況は波一メートル。太陽も出ているので海上とはいえ、小春日和だ。それでも北西方向から吹き付ける風は冷たく、徐々に体温が奪われてゆく。ダウンジャケットの上にレインコートを羽織っていても、袖の隙間から冷たい風が侵入する。突如、風がうなる。さっきまで何ともなかった指先の感覚が次第に鈍くなってゆく。真冬ともなれば寒さで指先はカチンコチンになって感覚を失うので、お湯を入れたペットボトルを懐に忍ばせて、指先を温めながら作業をするそうだ。

一本釣りは、マグロの群れが回遊してくるのをのんびり待つ〝守り〟の釣りではなく、あらゆる方法を使ってマグロの群れを探し出す〝攻め〟の釣りだ。傳法さんは、津軽海峡の海底の地形や、これまでマグロが釣れたポイントがある程度、頭に入っている。そこで、

GPSも使って、釣れそうなポイントに集まるマグロ漁船（写真：谷口巧）

まずは釣れそうなポイントに船首を向けて船を走らせながら、その日の状況を見極める。船にはGPSが搭載されているので、仮に昨日釣れた場所に漁師が向かおうと思えば、ほぼ正確にその場所を特定することができる。このGPSが普及する前は、漁師は「ヤマタテ」と言って、海上ではなく、海峡の両岸に見える山や灯台、建物などを利用して目視で場所を特定していた。これが「漁師は山を釣る」と言われる所以でもある。

傳法さんがポイントに選んだのは大間漁港の沖合およそ二マイル（三・二キロ）、水深五十メートルの場所だった。浜から沖に向かって海底はゆるやかなカケアガリ（海底が急に深くなって坂になっているところ）を形成している。

マグロの餌となるよう、細工を施されるトビウオ（写真：谷口巧）

「ここ、潮の流れが変わっているのが分かるでしょ。海面の色がうっすらと変わっていますね」

ここで傳法さんは釣り道具を取り出した。仕掛けは至ってシンプル。二百メートルほどのテグスに、大人の親指大の鋭利な針がくくりつけられている。驚くのはテグスの細さ。その具体的な号数（太さ）は企業秘密らしいが、これで成人男性を超える大きさの、しかも暴れるマグロを釣るのかと仰天する。

一本釣りで重要なのは海中の餌の状態なのだという。神経質なマグロは、餌に少しでも違和感があると食いつかない。傳法さんは、死んだトビウオが水中で羽を広げているように見せかけるために、ある細工を施していた。細い針金を使ってトビウオの羽を開いて固定し、胴体にはバランスを取るために鉛をかませる。

「ここだけはカメラに写さないように。はい、もう大丈夫」

あっという間に仕掛けが完成した。これを船尾から投入し、テグスをピンと張る。あとは片手で操船しながらゆっくり船を進め、手袋をしたもう片方の手の指先に意識を集中し、アタリを待つのだ（口絵写真）。

大間の対岸・北海道の人々は津軽海峡を、しょっぱい川という意味の「しょっぺ川」と呼ぶ。川と呼ばれる通り、津軽海峡は、日本海から太平洋の方向に向かって激しい流れがある。ポイントを決めても、あっという間に船は流されてしまう。

実は傳法さんの船には、最新のマグロ漁船には必ず搭載されている、あるものがない。それは「ソナー」だ。ソナーとは船の周囲三百六十度、数キロの範囲を音波によって探索し、マグロの群れを発見する装置だ。春漁丸には魚群探知機は搭載されているが、船の真下を探ることしかできない。最新式のソナーは一台三百万円以上する。年々、その性能を進化させていて、今では数キロ先のマグロの群れが、どちらの方向へ泳いでいるかまで、手にとるように分かるそうだ。

マグロの群れを探して釣る。これがセオリーの一本釣りの漁師にとって、ソナーが搭載されているか、いないかは釣果を大きく左右する。

しかし、漁師にとって三百万円という金額は設備投資としては大金だ。ある漁師はマグロ漁師の台所事情をこう打ち明ける。

「マグロ釣りに借金はつきもの。船の新造や改装、魚群探知機やソナーの購入など、やたら金がかかる。百万単位の設備投資のために自宅を抵当に入れる人もいる。それも、自分の家だけでなく両親の家もだもんね。マグロ釣りはその家の一族の戦いなんです」

「釣れる漁師」の条件

釣れる漁師と釣れない漁師。その差は一体なんなのだろうか――。

豊洲市場に出品されるマグロを観察していると、特定の船名のシールが貼られたマグロが、頻繁に競りにかけられていることに気がつく。

私はこれまで何人もの漁師と出会ってきた。マグロ漁に限らず、周囲から「あいつは名人」と言われる漁師は、年齢に関係なく、「漁師は運と勘だね」などと曖昧なことを言ったりしない。つまり、確実に釣れる理論を持っているのだ。しかしそれが何かは絶対に明かさない。その意味では名人ほど孤独であり、人を寄せ付けないオーラをまとっている。

時に数百匹の群れで回遊するマグロは、「食いが立つ」日は、小魚の群れを追い立て、水面近くをバシャン、バシャンと乱舞する。漁師は焦る心を抑えて仕掛けを投入する。

傳法さんがこんな話をしてくれた。

「目の前の海にマグロの群れがいても、食い気のない時は何をしても釣れない。自分の仕掛けがマグロの群れの真上にあっても、です。テグスがマグロのヒレや魚体に当たるゴツゴツとした感触が分かるんです。それでも食わない。いま、食え。いま、食え。心の中で叫んでもダメ。そのうちマグロはどこかへ行ってしまう。これほど精神的にやられる釣りはないんです」

マグロ釣りでは、釣りそのものの技術のほかに、操船の技術も重要だ。太平洋の水平線に朝日が昇ると、漁港からいっせいに一本釣りの漁船が出航する。白波を立てながら全速力で沖を目指す様子は、さながらボートレースのようだ。誰よりも早く、目指すポイントに陣取りたい。マグロ漁師であれば同じことを思うのだろう。

津軽海峡は、狭いところでは幅が十数キロしかない。沖のマグロの通り道には、一直線上に点々と船が並ぶ。慣れてくると、沖の船にも個性があることに気がつく。

例えば、朝日に真新しい船体が輝く大型で新しい船は、ソナーを搭載している船だ。これらは常にまとまって動いているように見える。それは当然で、ソナーに映る同じマグロの群れを追いかけているからだ。海中のマグロが群れを作るように、海上の船もまた群れを作る。その様子から「ソナー船団」と呼ばれている。

マグロ釣りでは、常にマグロの泳ぐ方向を予測し、先回りして仕掛けを投入しなければならない。大きな群れが見つかると、漁師は先頭のポジションを確保しようと船を急発進させる。先を走る船と船との間に割り込むなど日常茶飯だ。

しかし大間には、先頭の船が仕掛けを流した場合、後発の船は一定の距離をとらなければ仕掛けを流せないという暗黙のルールもある。これは、仕掛けが絡み合うことを防ぐための知恵だ。

一本釣りに限らず延縄船でも、流した仕掛けが絡み合う「縄喧嘩《なわげんか》」が発生する。これが沿岸ではなく遠洋ともなると、絡んだ相手が中国や台湾など、外国船の場合がある。そんな時、どうするのか。実は日本船の多くは、自分の船の仕掛けを切って、相手の仕掛けを海に流して返してやるのだという。自分の仕掛けは切った部分から再度結び、操業を続ける。相手の流した仕掛けが、自分のに絡まった可能性があるにもかかわらず、自分の仕掛けを切って、相手の仕掛けを海に返してやる。これが日本の遠洋漁師の心意気だそうだ。話がそれてしまったが、海上にも海上のルールやしきたりがあるということだ。

マグロの群れの〝先頭奪取〟は、釣れる漁師の必須条件だ。しかし、一攫千金がかかる真剣勝負は生やさしいものではない。船には無線が搭載されている。通常、漁師はこの無線を使って仲間と交信し、海の状況や釣果などの情報を交換する。しかし、一度マグロの群れが現れたならば容赦ない先頭争いが起きる。その白熱する無線のやりとりは、海場の喧嘩そのものだ。

ある若手漁師がこんなことを教えてくれた。

「大間は小さな町なので、漁師同士はほとんど顔見知り。親父、お袋の兄弟もいるし、中学、高校の先輩もいる。そんな陸のしがらみが海の上にもあるから、とくに若い漁師は気を遣うんです。性格が良すぎると釣れないし、しがらみを無視して自分だけが釣ると、陰口を叩かれる。そんなこと気にしないのが一番ですが、それが難しいんです」

マグロの群れの先頭に陣取った漁師は、仕掛けを投入する。生簀《いけす》からタモ（すくい網）で生き餌をすくい、針につけて流す。この時、マグロの泳ぐ速さと、群れまでの距離を計算し、船の速度を調整しなければならない。速すぎると仕掛けは群れに届かないし、遅いと群れが船を追い越してしまう。操船の技術がここでも試されるのだ。

船に、兄弟や家族、乗り子と呼ばれる作業員が乗っている場合は分業できるが、この作業を一人でこなす漁師にとっては手際が物を言う。そもそも、このような好機は滅多に訪れない。このチャンスを物にする漁師の船の甲板は道具の配置に余念がなく、手入れが行き届いて整然としている。釣れる漁師は、一本釣りに限らず不断の努力を怠らないのだ。

巻き上げ機と電気ショッカー

一方、傳法さんのように「ソナー船団」とは距離を置く船もある。ソナーに頼れば確実に群れを見つけることができるが、群れは海峡に点在しているので、ソナー船団が追いかける群れが全てとは限らない。ソナーを使わずにマグロの群れを探す方法として、水中の「なぶら」(魚の群れ)の上を飛び回る海鳥の群れ(鳥山)に頼る方法がある。海鳥は海の表層を泳ぐ小魚の群れを空中から探して捕食する。つまり、海鳥の下には、小魚を食べるマグロがいる可能性が高いのだ。

大間には、ソナーを使わずに二百キロ級のマグロを釣り上げる猛者《もさ》もいる。かつては誰もが、人間の感覚だけを頼りに広大な海に泳ぐマグロを探し当てていた。

津軽海峡に出て半世紀という漁師から不思議な話を聞かされたことがある。ある凪《なぎ》の日、海上を走っていると、突如マグロの匂いが漂ってきたというのだ。気がつくと船をマグロが取り囲んでいた。食い気が立ったマグロは餌を投入すればものの数十秒で食らいつく。この日、この漁師は立て続けに百五十キロと百キロのマグロを釣り上げた。マグロの匂いというものがどのようなものかは分からないが、その話には妙な説得力があった。

いずれにしても、今も昔も人間とマグロの知恵比べに終わりはない。

傳法さんは、初めてマグロ釣りに出た時の思い出を語ってくれた。

「大間に戻って、初めてマグロ釣りを見よう見まねでやった時、マグロの子ども（メジ）が釣れた。十キロそこそこだったかな。それでも、ガツンと手にくる感覚と、海中に向かってテグスがスルスルと引き込まれていく感触が、今でもこの手に残っているんです。あの感覚を味わったらもう、やみつきになりますね」

マグロが餌に食いついた時の手応えには、それほどの快感があるらしい。思わず、「食った」と口に出るという。食いついたマグロは全速力で逃げだす。マグロが餌に食いついたことを確認した漁師は、一息置いたあとに、船をマグロが泳ぐのとは逆方向に急発進させる。こうすることでマグロの上顎に確実に釣り針を食い込ませるのだ。エンジンをふかす時、船の煙突から黒煙が上がる。この黒煙が、勝負の時を告げる狼煙《のろし》のようなものだ。

マグロがかかると、漁師は船尾に移動する。テグスの長さは数百メートルあるが、その一端を「巻き上げ機」という、電動のローラーでテグスを巻き取る機械につなげるのだ。昔は人間の力が全てだったが、二百キロを超えるマグロを素手で引き上げるには相当の体力を必要とし、老齢の漁師には困難だった。そこで開発されたのが「巻き上げ機」なのだ。ただ、最初にがむしゃらに巻き上げるとテグスは切れてしまう。そこで、まずは腰を据えて、手でテグスを引き上げたり、緩めたりしてマグロの様子をうかがう。こうして「タメ」を作ることでマグロの体力を削ぎ、弱るのを待つのだ。

この〝やりとり〟で、マグロのだいたいの大きさは見当がつくという。食いついたマグロもただ引っぱるわけではない。頭を左右に振って釣り針を外そうとしたり、突然、真下に潜り、船のヘリでテグスを切ろうとしたりする。また、ほとんど抵抗もせず、スーッと上がってきたかと思うと、海面近くで全身の力を振り絞って逃げ出そうとするやつもいる。たいていの場合、テグスを残り十数メートルのところまで引き上げるのに二十分から三十分かかる。大物になれば一時間を超えることもある。

ここで登場するのが大間名物の「電気ショッカー」だ。

これは海中のマグロに電気ショックを与え、瞬時に仮死状態に持ち込む道具だ。その形状は馬の蹄鉄にそっくり。手順は、テグスに電気ショッカーをかませて沈め、これがマグロの口先に当たったのを確認した上でスイッチを入れる。すると、ジリジリとブザーが鳴り、通電が開始されるのだ。電気ショックを食らうと、どんなに巨大なマグロでも瞬間的に抵抗が弱まるので、そこで一気に、巻き上げ機を使って引き上げる。

一方のマグロも負けてはいない。最後の力を振り絞って船の下に潜り込み、激しく頭を振って抵抗する。数十分の格闘の末、ようやく漁師の目がマグロの魚影を捉える。

本マグロの別名は「クロマグロ」だが、これを英語に訳すと「Pacific bluefin tuna」となる。それを裏付けるように、海から揚がってきたマグロの魚体は、目の覚めるような神々しいブルーをしている（口絵写真）。

水面にその巨体が浮かび上がった瞬間、漁師はマグロのこめかみを狙って銛《もり》を打ち込み、とどめを刺す。その瞬間、真っ赤な鮮血が噴き出し海面を染める。ここまでくると一安心と思うが、実は漁師にとってはここからが正念場なのだ。

「血抜き」、「神経締め」、「冷やし込み」

結局、傳法さんはこの日、四時間ほど釣りをしたがマグロのアタリはなかった。

帰り際、傳法さんは「油代くらい稼がないと」と言って電動式リールのついた竿を取り出した。一日の油代は、最新型の大きな船だと、およそ三万円である。青魚に見立てた手作りのルアー（疑似餌）を海底近くに沈め、竿先を大きく上下にあおって魚を誘う。すると、小気味よいアタリに続き、竿の穂先が一気に海中に向けて伸ばされた。しばし引きを楽しんだあとに釣り上げられたのは、体長一メートル、十キロ超の見事なブリだった。

傳法さんは、その場で魚の鮮度を保つ、ある処理を施す。これが「活《い》け締《じ》め」とか「神経締め」と呼ばれる処理法だ。

釣り上げた魚の胸ビレの付け根と尾の付け根に包丁を入れ、魚の動脈を切断。こうやって「血抜き」をしたあとに、細い針金を魚の眉間《みけん》から刺し、脊髄に突き当てて神経を破壊するのだ。その直後、死んだはずの魚が一瞬、ブルブルブルッと身をよじらせ、やがて静かになる。

「ほら、血の気が引くようでしょ。頭の部分から尾ヒレの方向に、魚の表面の色が薄い紫色に変わっていく。このひと手間で魚の鮮度を保つのです」

なぜ、血抜きや神経締めなどの「手当て」を施す必要があるのだろうか。

まず、大前提として、人間によって殺生された魚は、その瞬間から死後硬直と腐敗が始まる。私たちが日常的に使う「鮮度」という概念は、魚の腐敗がどの程度進んでいるかにかかわるもので、魚がどれだけ生きている状態に近いかを表している。しかし腐敗を完全に止めることはできない。できるのは、その進行をゆるやかにすることだ。ここに、釣り上げた魚に手当てを施す最大の理由がある。

腐敗が進むと魚は悪臭を放つようになる。あの「生臭さ」には閉口してしまうが、この悪臭は、雑菌が繁殖することで発生する。とくに内臓周辺は鬼門だ。魚は内臓から腐る。だから、釣り上げた魚はすぐに血を抜き、内臓も取り出して、よく水洗いをして清潔に保つ必要があるのだ。

また、魚は死ぬと死後硬直が始まるが、ある時をピークにして、今度は反対に身が緩み、変色して水分を放出するようになる。この水分と一緒に魚の旨味の元となるグルタミン酸やイノシン酸が流出してしまう。これを防ぐために、筋肉の伸縮を司る神経と脊髄を破壊し、この筋肉の腐敗をゆるやかにすることで、旨味を保つのだ。

マグロもブリと同じ処理を施すが、ブリに比べると何倍も魚体が大きいマグロの場合、さらに繊細な処理が求められる。船上で行う「血抜き」「神経締め」など迅速な処理はもちろんだが、何より大事なのは処理後の徹底した「冷やし込み」だ。

私は、一本釣りの船ではなく、晩秋の延縄船に乗った時にそれを実感させられたことがある。漁師が、釣り上げたマグロの腹に手を突っ込めというのだ。その言葉通りに悴《かじか》んだ手を突っ込むと、ジワーッとマグロの熱を感じた。

「気温も水温も一桁台。それなのに、釣り上げたばかりのマグロの体温は人間より高い四十度くらいになる。それだけ抵抗したってことよ。魚ってやつは普通冷たいだろ。だからとにかく早くマグロを冷やさないといけない。そうでないとヤケが回ってしまう」

この「ヤケ」という言葉は豊洲市場でよく耳にすることになる。一時間を超える漁師との格闘はマグロの体温を上げてしまい、マグロの身上である、身質の真紅の美しさが失われて、ある部分だけ色が濁ったり、茶色く変色してしまう。このヤケを防げるか否かが、魚の品質を決定づけ、ひいては豊洲市場でのマグロの競り値を左右するのだ。

ヤケを防ぐ唯一の方法は、魚の体温を下げることだ。そこで漁師は、血抜きや神経締めを施したのち、すぐに、大量の氷水が入った船倉《せんそう》にマグロを入れて、徹底的に冷やし込む。処理をしてから船倉に移すまでの時間はあっという間である。つまり、氷はマグロ漁師にとって欠かすことができないアイテムなのだが、取材をしてみると、意外にも氷にお金をかけている漁師は少ない。延縄船でも一本釣りの船でも、最新鋭の設備を搭載した船は、氷の中でも極めて冷却効果の高い「海水氷」を使っていることがあり、こうした船のマグロはやはりヤケが少ないと市場でも評判だ。

そんな話を交わしているうちに傳法さんは同型のブリを十七匹釣った。入れ食いである。港に戻って漁協に持って行くと、ブリは全部で七千円。一匹あたり四百円の計算だ。西日本では高級魚の部類に入るブリだが、北海道では食べる習慣が根づいていないため、こんな値段になる。傳法さんの船の規模では、ちょうど一日の油代ぐらいだ。

漁を終えた傳法さんに食事に誘われた。招かれたのは傳法さんの従兄弟・山本政弘さんの家だった。傳法さんにとって山本さんはマグロ釣りの師匠で、親しみを込めて「政さん」と呼ぶ。マグロ漁歴二十五年。居間にはびっしりと、これまでに釣り上げたマグロの写真が、額装されて誇らしげに飾ってあった。今シーズンも二百八十キロを筆頭に数十匹を釣り上げている。先に述べた平均値から考えると、非常に優秀な成績ということになる。

食卓にはその日の朝釣ったスルメイカの刺身、ひじきの煮物、そして夏の時期に仕込んだウニの塩漬けとイクラの醤油漬けが並んだ。

「ひじき一つとっても大間と隣町では、全く味が違うのさ。潮の流れというかな。なんでもおいしい」

山本さんのおかみさんはそう言って、隠していた好物のイカの耳の刺身を特別に出してくれた。醤油をちょこんとつけ、炊きたての白米といっしょに頬張るとたまらない。大間の海風にあたって体の芯まで冷えていたので、温かい漁師の家庭料理が胃袋にしみた。

命懸けの漁

山本さんからこんな話を聞いた。ある時、偶然にも船がマグロの群れに囲まれたことがあった。船の目と鼻の先で百キロ超のマグロがジャンプを繰り返している。マグロは捕食するとき、大きな口を開け、海面の小魚を空気ごと吸い込む。その空気を吸い込む「ゴボッ」という音が、はっきりと聞こえたらしい。それだけ距離が近いということだ。

その時、手元にはフクラギ（ブリの子ども。関東でのイナダ、関西でのハマチに該当する）があった。そこで山本さんはバケツに十匹ほど入れ、その中の一匹だけに針を仕込んで海にばらまいた。ブリの子どもといっても大きさは五十センチある。餌となるフクラギも自分がマグロに狙われていることを瞬間的に察知して、防御の体勢を取った。

「着水の瞬間、そいつらはマグロから襲われまいと、水面と水平方向に身をよじって、忍者みたいに滑るようにして逃げる。もちろん、マグロはそれを見逃さない。ほとんどのフクラギが食べられてしまったけど、不思議なことに針のついた一匹にだけマグロは見向きもしないんです」

マグロの視力はあなどれない。捕食する瞬間のマグロは冷酷な目をしていてゾッとするという。マグロ漁師は誰でも、そんなマグロと一度は目が合った経験がある。

「一匹のマグロを釣り上げるのに、大物だと三十分以上かかるだろ。その間にさ、空が真っ暗になって、風が吹いて、頭から波かぶりだしたら、どうするよ。船が右に傾く、左に傾く。波が船の脇腹んところに当たって、砕ける。そん時に頭よぎるべ。命とるか、マグロとるかって――」

一番危ないのは、マグロが餌をくわえた瞬間だという。一気にテグスが数十メートル、沖に持って行かれる。その衝撃で手元の余分なテグスが、ピューと音を立て、大人の背丈の高さまで跳ね上がる。これを漁師は「花が咲く」と表現する。そのテグスの〝花〟に、指や、場合によっては体が絡まって、海中に引きずり込まれるのだ。事故は悪天候の時ばかりとは限らない。

大間の対岸に位置する北海道の戸井でも、同じような話を聞いた。あるとき、海峡に無人のマグロ船が漂っていた。漁師の姿はない。ただテグスが全部、沖に出た状態で、針先には餌がついていなかった。警察は転落事故として処理をしたが、漁師に聞くと、マグロ漁をやっていたら絶対にそんなヘマはしないという。どの漁師も一様に「マグロに引き込まれた」と推測した。マグロを釣る時は絶対にテグスを掌《てのひら》に巻きつけてはいけないという。食らいついた時の一撃で指をもっていかれるからだ。

実際、津軽海峡では数年に一度、このように、漁師の命にかかわる事故が発生する。そうした日は、船の漁旗を半旗にして、津軽海峡にある全ての港の漁師が捜索に加わり、同業者が亡くなったと分かれば、数日の間、喪に服すという。漁師の話を聞いていると、改めて「命懸け」で仕事をしているのだなと、身の縮む思いがした。

夜も更けてきたので山本さんと別れ、傳法さんの行きつけのスナックに繰り出した。傳法さんは、昔から聞いている浜田省吾がカラオケの十八番だ。けれども、やっぱり漁師町らしく、最後は鳥羽一郎の「兄弟船」が一番、盛り上がる。

傳法さんには意地がある。というのも、マグロを始める以前の陸の仕事では、同僚が三日で音《ね》を上げる過酷な仕事も、最後までやり通してきたからだ。

「二十キロの砂利が入った袋、百袋《たい》をトラックで運んで、誰よりも遠くの現場に行って、誰よりも早く荷を降ろして帰ってくる。正直、陸の仕事では負けたことがない。体力にも自信がある。でも、マグロはなぁ。自分の力だけじゃ、どうしようもないからな……」

私はこの取材を「大間でマグロを釣るということ」というルポにして発表した。発売後、傳法さんから嬉しいニュースが飛び込んできた。しばらくぶりにマグロを釣り上げたというのだ。

本州最北端の大間では、今日も数多くの漁師がマグロと格闘している。大間で獲れたマグロはほぼ全て豊洲市場に送られるというが、いったい、市場・豊洲ではどのようにマグロが売られ、買われているのだろうか。

第二章では、世界最大規模の市場・豊洲に足を踏みいれよう。

コラム

大間に行くなら

本州最北端の町、大間を旅するならば夏がいい。北海道から本州へ、フェリーに乗って津軽海峡を渡ろう。マグロ釣りの船も眺めることができるし、運が良ければイルカの群れに遭遇できる。晩秋から冬にかけてはかなり揺れるので、覚悟を。

本州に渡る前に北海道・函館で腹ごしらえ。後述するがマグロといえば鮨だ。函館には津軽海峡産のマグロを使う鮨屋が何軒かある。東京に比べると値段もかなりリーズナブルだ。ただ夏場はシーズンではない。

私のお気に入りは「鮨処　木はら」。函館空港から車で十五分。函館市街に向かう途中にある湯の川温泉という温泉街にある。

津軽海峡の見えるカウンターが特等席だ。目の前に北海道の海の幸がずらりと並ぶ。季節のおまかせの握りは四千五百円から。北海道ならではの「活イカ」「根ボッケ」「ホタテ」「トキシラズ」「ボタンエビ」「馬糞ウニ」などが味わえる。一品料理も充実している上、昼から夜まで通し営業なので使い勝手がいい。

店の壁に昭和三十年代（一九五五—六四年）のものと思われるマグロ漁の写真が飾ってある。北海道・函館には戸井という、大間と並ぶマグロの水揚げ港がある。一本釣りの大間、延縄の戸井。いずれも日本有数のマグロの産地だ。

お腹を満たしたところでフェリー乗り場に向かおう。

函館と大間を結ぶ「津軽海峡フェリー」は、一日に午前と午後の二便しかない。フェリー乗り場は函館市街からタクシーで十五分程度の距離だ。歩くのはお勧めしない。船の運賃は船室のクラスにもよるが、片道、通常期で千八百円から二千五百円程度。およそ一時間半の船の旅で、晴れた日は水平線を見渡せるデッキが人気だ。

船が大間港に近づくと、船の左舷側に大間の町並みが見えてくる。岬の沖合にある島が弁天島。カモメなどの海鳥の鳴く声が、船の到着を知らせる。

大間に到着したらレンタカーを借りよう。町内の移動は車がないと難しい。タクシーは数台しかない。大間にはホテルが二軒。あとは民宿がほとんどだ。私の定宿は大間崎の近くにある民宿「海峡荘」。オーナーがマグロ漁師なので、マグロのことなら何でも教えてくれる。大間崎の突端には四百四十キロのマグロを模したモニュメントがある。「ここ本州最北端の地」の碑もこの近くだ。お土産店もあるので買い物もできる。

湯につかるなら、町には「おおま温泉海峡保養センター」という温泉が一軒ある。もちろん、ここでもいいのだが、車があれば大間から二十分ほどの場所にある「桑畑温泉 湯ん湯ん」がオススメだ。ここは村営の日帰り温泉で、津軽海峡が一望できる。

夕食はせっかくなので町に繰り出そう。マグロの聖地だけあって、マグロ丼を売りにする店も多い。大間のマグロを出す鮨屋もある。ただし、大間だから全ての店で大間のマグロが食べられるかというと、そうとは限らない。先述のように、大間港に水揚げされたほとんどのマグロは豊洲市場などの都会に輸送されてしまうからだ。漁師が営む店もあるので、季節と運が良ければ本物の生の大間マグロに出会えるかもしれない。

私の行きつけは「三平」という居酒屋。地元の漁師も通う、本州最北端の酒場だ。下北半島の郷土料理が味わえる。何を食べてもおいしいが「ホタテの貝焼き」は外せない。直径二十センチ大の天然のホタテの貝殻を鍋に見立て、そこに少量の水と味噌を溶き入れ火にかける。煮立ったところでホタテの身に貝ヒモ、ネギを加えて、最後に卵でとじる、大間の郷土料理だ。ホタテの濃厚なダシが忘れられない。

翌日の朝は早起きして潮風を浴びながら浜を散策しよう。天気が良ければ北海道まで見渡すことができる。帰ってきたら海峡荘で朝食。朝から殻付きのウニやマグロの刺身が山盛りで登場する。この朝ご飯を食べるためだけに海峡荘に泊まってもいい。

大間は小さな町なので一泊二日あれば十分楽しめる。観光シーズンとしては夏がいいが、本場でどうしてもマグロを食べたいのなら、秋から冬。ただし、冬の大間は地元の人でも滅多に外に出ないほど寒く、積雪こそ少ないものの強風にさらされる。観光どころではないことを頭に入れておきたい。

第二章　誰が値段を決めているのか

「上物師」という仲買人

豊洲市場では、全国で水揚げされたマグロが一堂に会する。

漁師が命懸けで格闘した末、各地の漁港に水揚げされたマグロは、その日のうちにトラックなどで豊洲市場に運ばれ、競りにかけられる。そこで高値がついて初めて、一匹のマグロは、例えば「大間マグロ」のような、水揚げ漁港の名前を冠したブランドマグロになり、時に漁師は一瞬にして莫大な財を手に入れることができるのだ。

マグロの競りは、まだ私たちが高いびきをかいている午前五時頃から、休市日を除く毎日、行われている。しかし、その仕組みを知る者は、水産関係者以外にいないだろう。まずはこの競りの仕組みを解き明かすべく、夜明け前の豊洲市場に急いだ。

早朝四時半。市場に足を踏み入れると、市場の心臓部とも言える競り場へと通じる地下通路は、大勢の人やターレ（小型三輪車）でごった返していた。

豊洲市場では「東市《とういち》（築地魚市場）」「大都《だいと》（大都魚類）」「東水《とうすい》（東都水産）」「マルナカ（中央魚類）」「第一（第一水産）」という五つの卸会社がマグロを扱っている。卸会社は「荷受《にうけ》」とも呼ばれ、日本全国の「荷主《にぬし》」である漁協から魚を仕入れ、競りを開催して値付けをするという重要な役割を担っている。一方、料理人（飲食店）やデパート、スーパーの注文に応

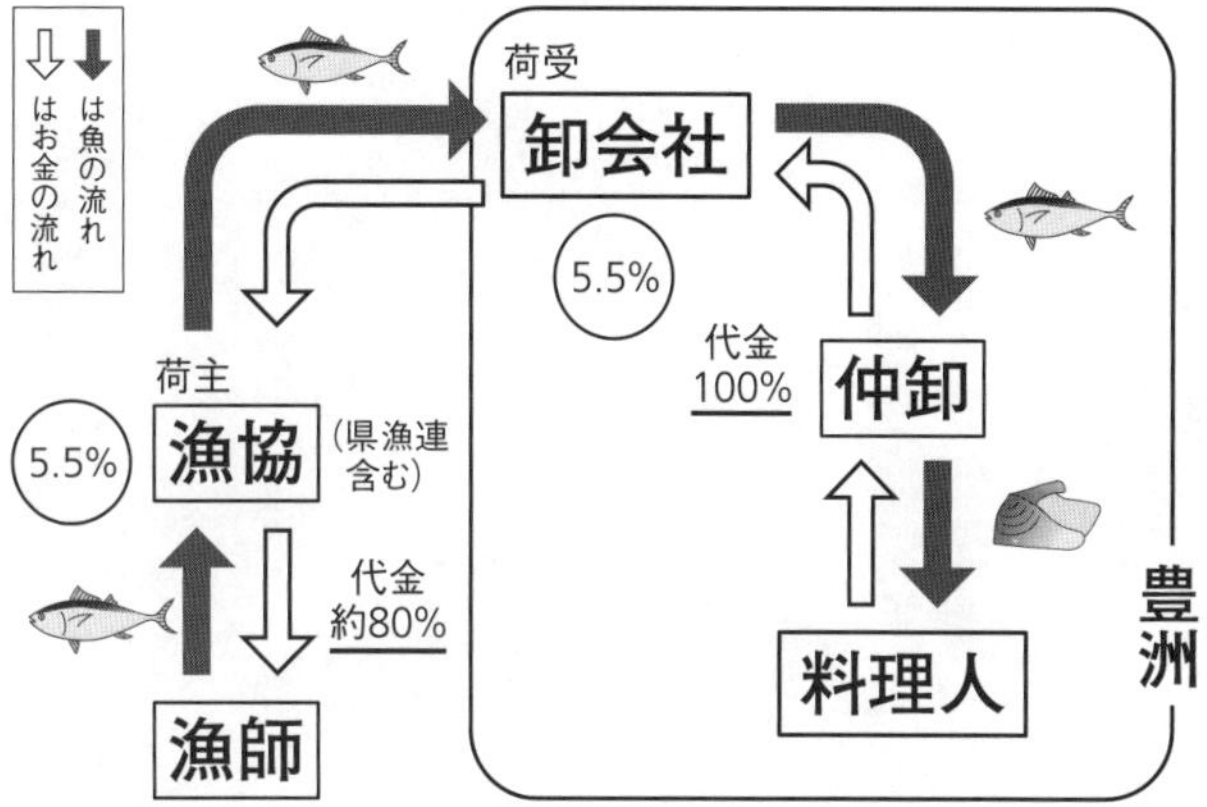

漁師、漁協、卸会社、仲卸、料理人の関係図

じて競りに参加し、目当ての品物を調達する役割を担うのが「仲卸《なかおろし》」で、実際に入札にかかわる仲卸の担当者は「仲買人」と呼ばれる。

豊洲市場には五百軒の仲卸があり、そのうちマグロを扱っているのは二百軒だ。

豊洲市場内にあるマグロの競り場は、小学校の体育館を一回り大きくした程度の広さである。築地では生マグロと冷凍マグロが別々の場所で競りが行われていたが、豊洲では一つの競り場で行われる。早朝、二百本を超える生マグロ、冷凍マグロが所狭しと並んでいる光景は圧巻だ。

マグロの競り場は、「売買参加章」と書かれたプラスチック製のプレート（鑑札）をつけ

朝5時、築地市場内に並べられて
競りを待つマグロ
（写真：鵜澤昭彦）

尾の断面を見る仲買人
（写真：鵜澤昭彦）

た帽子（競り帽）をかぶる大勢の仲買人であふれていた。彼らは、切り落とされたマグロの尾の断面部分に、手にした懐中電灯の光をあて、時には中指と人差し指で尾の身をほじくるような動作を繰り返している。柄の先にカギ状の金属のツメがついている手鉤《てかぎ》と呼ばれる道具を使って、マグロの腹を丹念にめくって歩く人物もいる。

その群衆のなかに、ひときわ目立つ緋色《ひいろ》のヤッケを羽織る男衆の姿があった。彼らこそ日本最高峰のマグロを競り落とす精鋭集団で仲卸の「石司《いしじ》」だと、競り場に案内してくれた顔見知りが教えてくれた。私が石司に興味をもったのは、市場が東京・日本橋にあって「魚河岸《うおがし》」と呼ばれていた時代から、マグロを競る人の中には「上物師《じょうものし》」と呼ばれる存在がいると聞かされていたからだ。

上物師とは国産本マグロの中でも特に良質な魚だけを扱う仲買人のことだ。豊洲にはマグロを扱う店が二百軒あるが、一年を通じて日本近海で獲れた生の本マグロだけを扱うのは石司など数軒の仲卸しかないという。

魚河岸の仕来り

実は本書を執筆するはるか以前から、私は移転前の築地市場に通っていた。それは、美食家としても知られた、とある時代小説の大家に愛された一人の天ぷら職人の伝記を執筆するためだった。時代小説の大家とは故・池波正太郎。天ぷら職人とは東京・銀座に店を構える「てんぷら近藤」の主人・近藤文夫である。

車海老や鱚《きす》、メゴチなどの江戸前の魚介類を、焙煎の利いた真っ黒いごま油で揚げることを良しとする江戸前天ぷらの世界に、近藤は「野菜」という新風を吹き込んだ。彼は、さつまいもや人参、ズッキーニやそら豆などを使った「新しい天ぷら」を生み出した、不世出の名人として知られている。

そんな近藤の朝の仕入れに、みっちり三年間、付き合った。最初の頃は、発泡スチロールの箱の切れ端が、自分の履きなれないゴム長の底に当たって、キュッ、キュッと耳障りな音を立てた。何しろ市場における「作法」が分からない。整然と並べられた色とりどりの魚介類を前に、仕入れを急ぐ近藤親方の後ろをついてゆくのがやっとだった。何しろ店の軒先に立っているだけで邪魔者扱いされるのだ。仕入れをする近藤親方といっしょであればまだしも、一人で品物を物色するような仕草をしようものなら、どんな扱いを受けるか分かったものではなかった。実際にバケツの水を足元に撒《ま》かれたこともあるほどだ。

かつて『築地魚河岸三代目』という映画があった。エリート商社マンだった若者が、ふとしたきっかけで築地の仲買人に転身し、悪戦苦闘しながらも成長してゆく立身出世の物語なのだが、その映画にこんなシーンがある。市場の仕来りも何も分からない主人公が、ある魚屋の前で早朝から突っ立っていると、店のおかみさんがいきなり、バケツの水をその主人公の足元に撒いて、こんなセリフを吐き捨てる。

「素人さんは晴海《はるみ》通りの向こう側にお帰りなさい」

晴海通りとは、築地市場の敷地と築地本願寺とを隔てる道路だ。つまり、この場所は魚の目利きのプロが、料理人という調理のプロに魚を売る場所であって、素人が来る場所ではない。部外者が立ち入ることができない領域があるんだよ、ということを主人公に暗示しているシーンだ。

築地市場の通路。人々、ターレ、自転車、原付バイクが忙しく行き交っていた（写真：鵜澤昭彦）

今でこそ外国人観光客が場内を徘徊している風景に出くわすが、確かに魚河岸と呼ばれる築地・豊洲市場はそういう場所である。同じ台詞を吐かれたことこそないが、プロの料理人でない、つまり「客」でもない部外者が店先に立って何やら〝取材っぽい〟仕草をしているだけでも、時間に追われて仕事をしている関係者は気に食わないのだ。その苛立つ気持ちは理解できる。

一方、定期的にこの場所に通っていると、自分がこの場所に「受け入れられた」という実感を得られる瞬間もやってくる。私の場合、それは近藤の仕入れに付き添い、一年ほど経った頃だった。いつもは不愛想で、挨拶を投げても無視されることが多かったある鮮魚店のおかみさんに、こう声をかけられたのだ。

「あんたも天ぷら屋になるのかい?」

この瞬間、その場に立つことを許された思いがした。

取材であることを先方に伝えると、それはそれでと、次からは普段は聞くことができない情報をこっそりと教えてくれるようになった。そうなって初めて、こちらが聞きたいことも聞けるようになる。私はこの取材を『最後の職人　池波正太郎が愛した近藤文夫』(講談社)という評伝にまとめ、発表した。

話が横道にそれてしまったが、こうした過去の経験から、石司の取材も、最初から快く了承してもらえるはずはない、一定期間通って、顔なじみになってから声をかけるタイミングを見計らおうと考えていた。しかし本当のことを言えば、マグロを競る男たちの、人を寄せ付けない迫力に呑まれてしまったといったほうが正しかった。

そうこうしているうちに、時計の針が五時半を指した。突然、けたたましい鐘の音がしたかと思うと、競り場全体が騒然となった。

競り場の中央で小奇麗な作業服を来た男性が抑揚のあるダミ声を張り上げる。すると、その声に呼応するようにあの競り帽の集団が動いた。ダミ声の男性の正面に立ち、何やら手で合図を出している。競り場では同時多発的に同じような光景が展開されていて、素人の私には何がどうなっているのか把握しようがなかった。

ところが、五分もしないうちに競り帽の男たちは蜘蛛《くも》の子を散らすようにして、その場から立ち去った。やがて、どこからともなく下働き風の若い男が現れ、木製の二輪車にマグロを乗せて運び去ってしまった。そもそも、いつの時点で競りが始まり、どのようにマグロが競り落とされたかも、素人にはさっぱり分からない。緋色のヤッケをまとった集団も、いつのまにかその場から姿を消していた。

洒脱な若主人

市場の取材を始めて半年ほどたったある日、石司の三代目で若主人の篠田貴之《たかゆき》、通称「貴」と初めて挨拶を交わした。

「おはようございます」

そう声をかけ、私が名刺を出し出すと貴は丁寧に頭を下げ、自分も名刺を差し出した。年齢は当時四十三歳と、思ったよりも随分若い。いかにも魚河岸の若旦那を思わせる洒脱な色気があり、その姿と振る舞いに、律儀で真面目な雰囲気がある。

「市場には競りの始まる十五分前に入ります。市場から二十分ほどの場所に自宅があって、自転車を飛ばして通勤しています。雨の日も雪の日も自転車です。いい運動になるじゃないですか」

緊張している私を察してか、気さくに話しかけてくれる。貴の足元は長靴。手には懐中電灯を持って、かぶっているのは、あの競り帽である。

「それでは早速、行きましょうか」

貴に案内されて競り場に来ると、それまでの季節とは違う風景が広がっていた。貴は競り場に入る前に帽子をとって一礼した。その日も競り場には二百本ほどのマグロがあった。

季節は十二月初旬。入り口のシャッターぎりぎりのところまでマグロが並んでいる。大きさも大小さまざまで、中には三百キロ近い超大物の姿もあった。貴は先に入っていた従業員と合流し、何やら二言三言、言葉を交わすと、気になるマグロの腹を手早く、手鉤をつかってめくり、競り場をさっと一巡して戻ってきた（口絵写真）。

貴はあることを私に耳打ちしてくれた。

「私たちが競るのは『一列目』と呼ばれる国産の本マグロだけです。見てください、これだけマグロがあっても、ほとんどが、ジャンボと呼ばれる輸入物と、養殖や蓄養《ちくよう》のマグロですよ。国産の本マグロは全部で十数本しかない。その中から競る価値のあるのは二、三本ってとこですかね」

「一列目」とはいったい何なのだろうか。二百本のうち二、三本なら、百本に一本しか競る価値のある魚はないということになる。

その呼び方は、競りの仕組みに関係していることが分かった。

日本各地の漁港で、マグロが水揚げされると、漁協の販売担当者（荷主）は、豊洲市場の卸会社の担当者（荷受）に連絡を入れ、競りが始まる時間に合わせてトラックで品物を輸送する。荷物の到着を確認した卸会社の担当者は、これらのマグロを精査し、品質のよい順番に番号をつけて競り場に並べる。貴の言う「一列目」とは、この番号が一桁台の、その日もっとも品質が良く、高値がつくと予想されるマグロのことだ。

豊洲市場では、マグロを扱う五つの卸会社ごとに、五つの場所に分かれてマグロの競りが開催される。魚をどの卸会社の競りに出すかは、各地の漁協の担当者の判断だ。ちなみに、競りが始まるとダミ声を張り上げ、競りを仕切るのが卸会社に所属する「競り人《にん》」だ。マグロの競り人、しかも国産の生の本マグロを担当する競り人は市場関係者にとって憧れの存在なのだという。

マグロにもいろいろある

ここで改めて、豊洲市場で競りにかけられるマグロの種類について説明をしよう。そもそもサバ科に属するマグロには、様々な種類がある。それは大きく五つに分けられる。

○クロマグロ（本マグロ）

日本近海で獲れる代表的なマグロ。「本マグロ」と呼ばれ、豊洲で「マグロ」と言えばこのクロマグロを指す。日本近海を含む太平洋をはじめ、大西洋、地中海と世界各地に生息している。その中でも最も旨いのが日本近海で獲れる天然もので、青森県の大間で獲れるものが値段も味も最高級とされている。

○ミナミマグロ（インドマグロ）

魚河岸では「インド」と呼ばれる、クロマグロにそっくりのマグロ。インド洋やオーストラリア、大西洋とインド洋がぶつかる南アフリカのケープタウンなど南半球で獲れるので、こう呼ばれている。主に冷凍されて日本に運ばれる。

○メバチマグロ

一般的な鮨屋、日本料理店などで刺身として出されている大衆的なマグロ。通称「バチ」。日本近海にも生息していて、延縄などの漁法で獲られる。味も値段もちょうどよく、国内で刺身として最も消費されているマグロ。

○キハダマグロ

スーパーマーケットや回転寿司、安居酒屋、ファミリーレストランで使われているマグロ。本マグロに比べると味わいはぐっと落ちるが、安価なので大衆魚として扱われる。キハダの名前のとおり、黄色く、ヒレが長い。

○ビンチョウマグロ

東京では「ビンナガ」と呼ばれ、世界中の亜熱帯の海に生息するマグロ。脂の乗った身は「ビントロ」と呼ばれ、主に回転寿司で使われる。資源量が多いことで知られ、マグロの中ではとくに安価で流通している。

貴の会話に登場した「ジャンボ」とは、同じクロマグロでも、大西洋などで獲れたマグロを指す総称だ。一九七〇年代、成田空港の開港と同時に米国ボストン周辺で獲れた大西洋のクロマグロが、当時デビューしたばかりのボーイング747(通称ジャンボジェット)で輸入されるようになった。この飛行機に乗ってやってきた外国産のマグロを、誰ともなく「ジャンボ」と呼ぶようになり、今ではすっかり「外国産の本マグロ」の総称として定着したという。

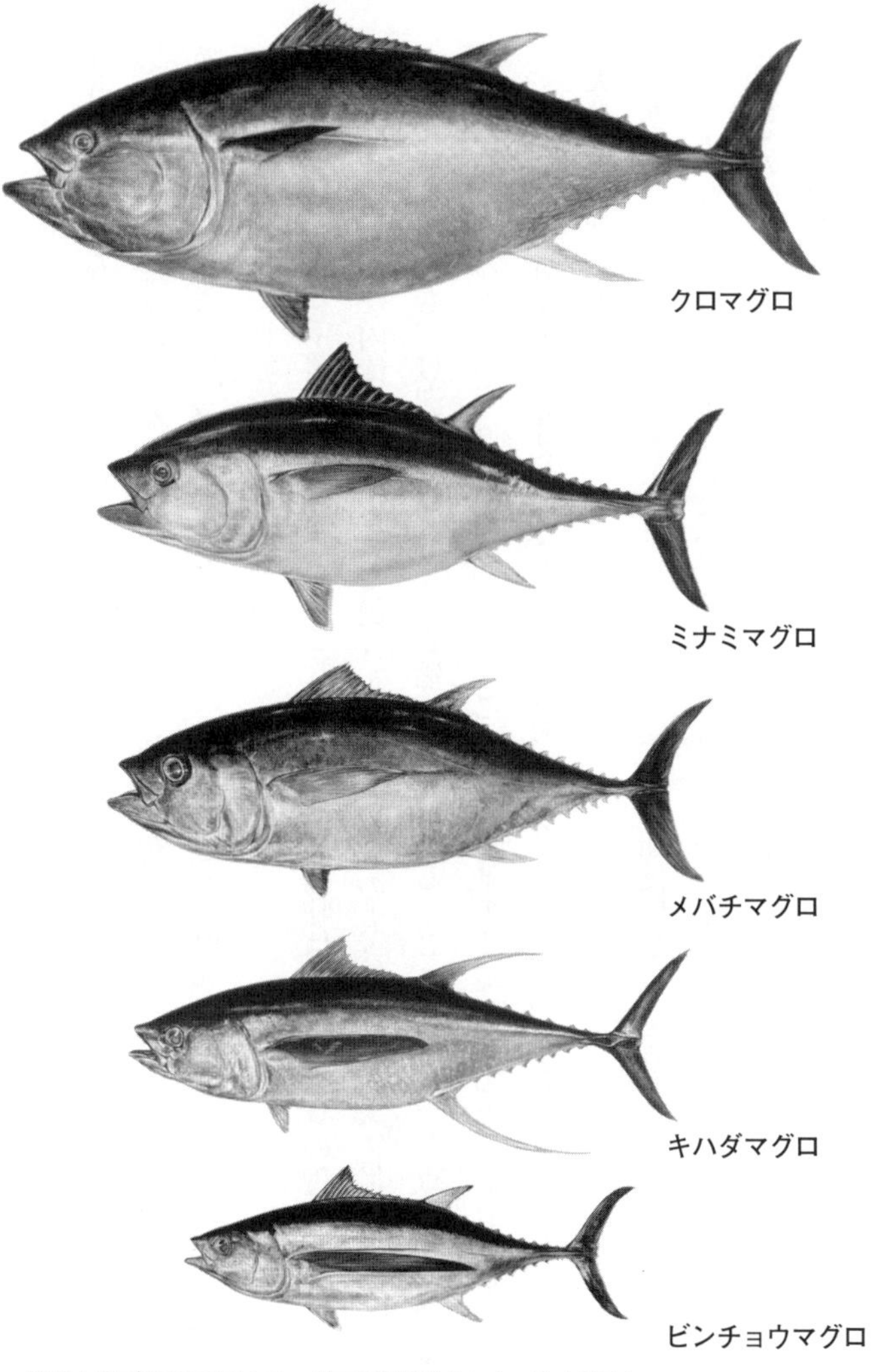

豊洲市場で競りに出されるマグロの種類（イラスト：鈴木勝久）

ここまで解説してきたのは全て、生であれ冷凍であれ「天然魚」だった。しかし実は、競り場に並べられているのは、その多くが「養殖」に分類されるマグロなのである。「養殖」にも種類がある。卵の状態から人工的に孵化させて育てる方法は「完全養殖」と呼ばれ、「近大マグロ」がその代名詞だ。近畿大学はこの研究に一九七〇年代から取り組み、二〇〇二年に世界で初めて成功させたのだ。

完全養殖の一歩手前が「蓄養」だ。これは、ヨコワと呼ばれるマグロの稚魚を獲ってきて、波の穏やかな内湾の海上生簀で飼育し、ある程度の大きさになったら出荷するもの。完全養殖も蓄養も、豊洲では同じく「養殖」と呼ばれる。これら養殖マグロは、資源量が減少傾向にある天然のマグロに代わって、これから流通の主流になると言われている。

かつて一億五千万を超えるマグロが出た時、競り人として競り台に立った経験のある「大都」の林一也は言う。

「本マグロの旬は晩秋から正月まで。でも、その時期は低気圧が居座って悪天候が続くから、マグロ漁師は沖に出られない。そもそも魚の数が少ない上、天候など自然環境に左右されるので、一匹も入荷がないという日も稀にあります」

つまり、なぜ天然の国産本マグロが希少なのかというと、漁獲が天候に左右されるから

天然か養殖か・生か冷凍か・産地はどこかによるマグロの価格の違い（2019年11月14日。値はキロ単価・円）

天然／養殖	生／冷凍	産地	数量	高値	中値	安値
天然	生	青森	5	16,500	11,375	9,000
天然	生	カナダ	22	5,500	4,369	3,000
養殖	生	メキシコ	15	2,600	2,433	2,300

（出典：時事水産情報ほか）

である。そして、そもそもマグロの資源量が少ないからだ。

貴曰く、競るに値するマグロは一日に数本あるかないか。つまり、単に「旨い」マグロはあっても、本書の冒頭で述べたような、極上の、「人生観を変える」ほどのマグロには、そう滅多に遭遇できるものではないということだ。

何が価格を左右するのか

ここで、マグロの価格についても整理しておこう。

驚くのはその価格の歴然とした「差」である。表をご覧になっていただきたい。時事通信社が配信しているマグロの相場価格を示したものだ。

この表を見ても一目瞭然なのだが、同じ本マグロでも、天然と養殖とでは値段の差が歴然としている。国産の天然と養殖とを比べると、同じ「生」でもおよそ五倍という価格差があるのだ。これは平時の価格なので、年末年始などの高騰期には価格差がさらに開くことになる。また、この図には、「養殖」に含まれる近大マグロなどの「蓄養」の数字は入っていない。なぜならば、多くの場合、蓄養は競りではなく、売る側と買う側が一対一で直接、値段交渉をする「相対《あいたい》」という方式で取引されているため、正確な値段が公開されていないためだ。

養殖や冷凍のマグロは、需要があればいつでも出荷できる。しかし、生の天然魚はそうはいかない。貴との会話を聞いていた、同業者らしき人物が話に割って入ってきた。

「例えば、青森の大間よ。冬場に旬を迎える大間だって、入荷がある日もあれば、時化《しけ》が続いて一匹もない日もある。それなのに、料理人だって、いつもマグロはあると勘違いしてやんの。東京に何軒の鮨屋があると思うんだい。ここに数本しかない日が続くというのに、そのどの店にも大間、大間って、あるはずもないマグロがあることになってる」

そう言われれば、まさにその通りなのだが、客の立場からすると店の主人が「大間のです」と言えば、「はい、そうですか」と了解するしかない。そもそも一貫の鮨の向こう側は、客からすればブラックボックスである。客と店とは信頼関係で成り立っている。それは、仲卸と料理人の関係でも同じ。言い方を変えれば、信じるしかないのだ。

ただ、よく見ると国産本マグロには、例えば「大間マグロ・大間漁業協同組合」「大間港第二十八宝幸丸・船上活締・殺菌海水使用」などと書かれたシールがいくつも貼られており、これによって、このマグロがどこで、どの船によって、どのような方法で獲られたのかがおおよそ分かる仕組みになっている。いわば身元証明書のようなものだ。それ以外のマグロに、そうした身元を保証するものはない。貴は言う。

「難しいのは、大間だからいいというわけではないことです。マグロはその姿のまま競りにかけるじゃないですか。つまり、私たちは大げさに言えば見た目だけで、そのマグロの良し悪しを判断しなければならないんです。いつ、どこで、誰が獲ったのかという証明書があっても、それはそれ。しかも、毎回、国産車一台分の大枚をはたくことになるんです。マグロは漁師だけでなく、仲買人にとっても博打そのものなんです」

割ってみないと分からない

一方、石司の番頭の中島正行は「下付け」と呼ばれる作業に余念がない。下付けとは競り前に、魚の品質を確かめる行為だ。切り落とされたマグロの尾の断面を懐中電灯で照らしたり、手鉤を使って、マグロの腹を丹念にめくって脂の乗りなどを確かめる。

下付けを行うのには理由がある。貴も言うように、どんなに高品質と思しきマグロでも、

手鉤でめくられた腹に懐中電灯を向ける中島正行（写真：鵜澤昭彦）

実際に腹を割ってみないことには、良し悪しは決まらない。マグロは巨体で、個体差が激しい魚。そして貴重で高単価。だからこそ仲買人は可能な限りその品質を確かめようとチェックするのだ。荷受が並べた順番は、必ずしも下付けとは一致しない。中島は、主人の貴とは対照的に、朝四時半には競り場に入り、これぞと思う魚は全て自分で点検するのだという。

「いいマグロは遠くから見ても風体《ふうてい》でだいたい分かる。この時期の津軽海峡産はスルメイカを食っているから、ぷっくりといい感じに肥えている。頭が小さくて腰の部分が張ってるのがいいね。あと皮目の色と艶。皮が薄く、腹の厚いのが、脂が乗っている証拠です」

競りの様子。左が卸会社の競り人、右が手遣りを突く石司の貴（写真：石司）

午前五時半。再び、あのけたたましい鐘の音を合図に競りが始まった。貴と中島は別々の卸会社の競りに参加する。マグロの競りは「競り上げ」と呼ばれ、買手である仲買人が競り人に対して、手遣りと呼ばれる独特のサインを送り、一番高い値段をつけた仲買人が品物を買い取る権利を得る。貴はダミ声を張り上げる競り人の真正面に陣取っている。手遣りは片手の指を伸ばしたり、結んだりして、一から九までの数字を表すのだそうだ。

国産本マグロの場合、入札はキロ二千円くらいから始まる。競りに参加する仲買人には、下付けを経て「この魚ならナナマル（キロ七千円）」とか「ナナヨン（キロ七千四百円）」などと腹に決めた金額がある。通常であれば

リヤカー型の二輪車「ネコ」で、競り落とされたマグロを運ぶ（写真：鵜澤昭彦）

石司商店の外観。左手前がダンベ（写真：鵜澤昭彦）

五千円から七千円前後で決着する。競り人は、競りに参加する仲買人の注意を引くように時には大げさにダミ声を張り上げ、高値を誘う。この日、貴が一本、中島が二本のマグロを競り落としたことを知ったのは、あとになってからだった。一本あたりの競りは、ものの数秒で終わり、競り帽をかぶった男たちはあっという間にその場から姿を消す。そしてまた男衆が現れ、木製の、「ネコ」と呼ばれる二輪車にマグロを乗せて運び去るのだった。

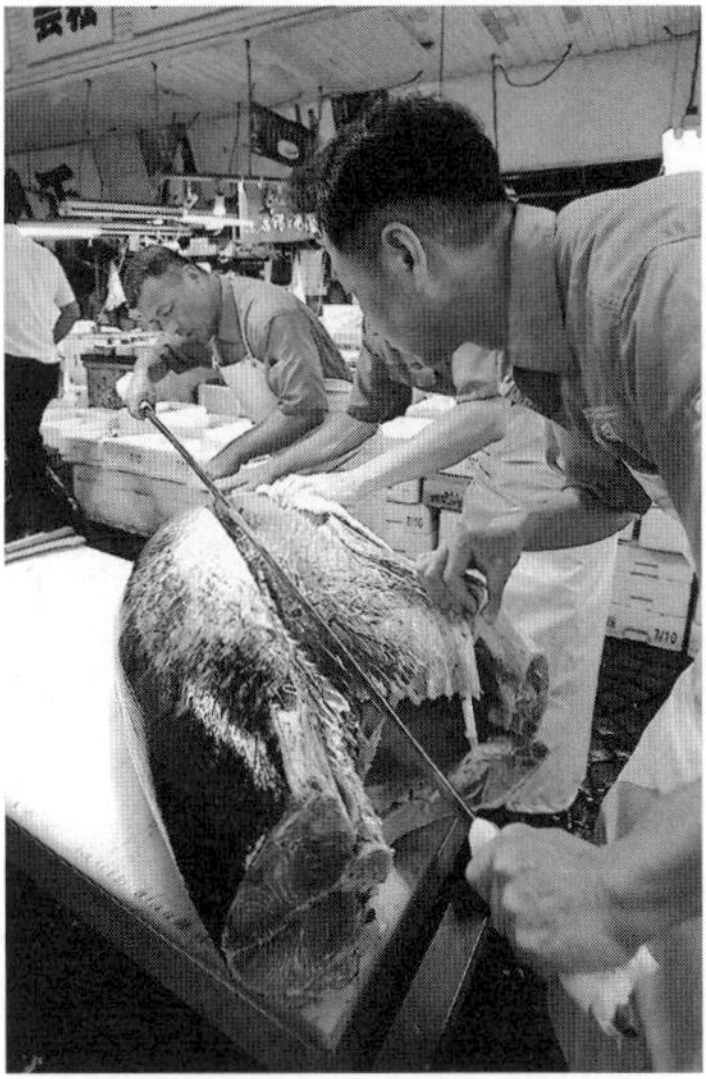
マグロ包丁で半身にする（写真：鵜澤昭彦）

貴が経営する「石司商店」の創業は一九五〇（昭和二十五）年。本マグロ一筋の仲卸として名を馳せてきた。貴はその三代目。店は魚屋とは思えない現代的な造りとなっている。店は至ってシンプルで、マグロを切り分ける台と、ダンベと呼ばれるガラス張りの冷蔵庫しかない。帳場に座るのは先代主人・篠田誠司だ。

　暮れも押し迫った十二月第一週の、石司へのマグロの入荷具合は次の通りだ。分母が競りに出された本マグロの数。分子がその中から石司が競り落とした本数だ。

「八分の二」「十五分の三」「十二分の三」「十五分の二」「八分のゼロ」「八分の一」。いずれも津軽海峡産で、この週一番の大物は二百三十二キロ、最高値は三百万円超だった。

競り落とされたマグロが店の若い衆によって運ばれてくると早速、解体が始まった。マグロは鋸《のこ》で頭を落としたあと、従業員二人がかりで、刃渡り一メートルほどあるマグロ包丁という独特の道具を使い、中骨を残してまず半身に解体される。マグロ屋にとっては、この瞬間が最も緊張するのだという。自分の目利きが正しかったか否かが明らかになる瞬間でもあるからだ。貴はこう言う。

「マグロの良し悪しも大事ですが、それよりも、そのマグロが自分の評価通りなのかが気になります。悪すぎてもダメ、良すぎてもダメです」

マグロは頭と中骨、皮など粗《あら》と呼ばれる部分を除くと、商品にできるのは七割程度。実は非常に歩留まりが悪い魚なのである。競り値はそうした、捨てる部分も含んだ値なので、条件によっては、買えば買うほど赤字になる場合もあるのだという。

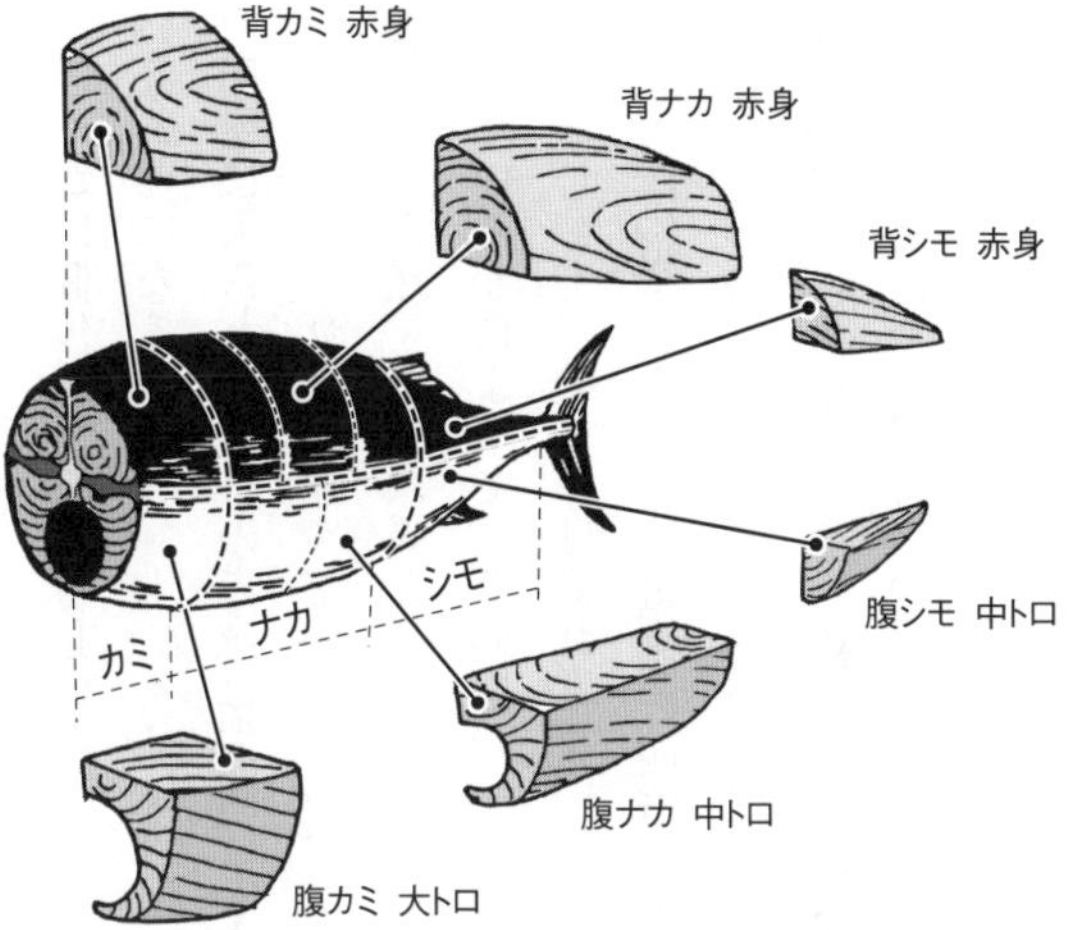

マグロの各部分の名称（上田武司『魚河岸マグロ経済学』をもとに作成）

「握らせてもらう」まで十年

ここでマグロの部位について説明しよう。

体を支えている中骨（背骨）から上を「背」。下を「腹」と呼ぶ。またエラから背びれまでを「カミ」、真ん中を「ナカ」、尾の近くを「シモ」と呼び、使い分ける。私たちが「トロ」と呼ぶのは腹の部分で、その中でも最も貴重とされるのが「腹カミ」だ。反対に「赤身」と呼ばれるのは背の部分で、その中でも「背ナカ」が最も高品質とされる。

さらに、魚体が大きい上に長時間の輸送を余儀なくされるマグロは「下身」よりも「上身」が良いとされる。この下身、上身とは、マグロを寝かせた状態について言うものだ。地面側の下身には魚体の重みがかかるため、「身割れ」などがおきて鮮度が落ちることがある。実際に下身よりも上身が上等かどうかは個体差があるらしいが、上身の腹カミと背ナカこそ、マグロの最上級の部位ということになる。

鮨屋に入ると「今日の赤身は大間産ですよ」などと、店の主人が一言添えて鮨を出すことがある。それは間違っていないのだが、同じ「大間産」でも、それがどの部位なのかによって、当然、価格は異なる。別の言い方をすれば、その鮨屋がどの部位の「大間産」を持っているかによって、その店の「格」が決まるということだ。同じ産地のものを使っていたとしても、そこには紛れもないヒエラルキーが存在するのだ。中島は言う。

「とくに腹カミは、キロ単価の四倍以上の値段をつけないと本当は採算がとれません。けれども、お客に負担を強いてしまうので、往々にしてそれよりも少し安い値で提供します。うちが素人に魚を売らないのは、長い付き合いの中で儲けさせてもらうからです。中には拾い買いと言って、特定の店にこだわらずに買い物をする人もいますから」

石司には、独立したばかりの若い鮨職人が仕入れにやってくることがある。最初は同じマグロでも買えるのは「シモ」ばかり。いつか、石司の最高の腹カミを握りたい。その一心で店に通い、言われるままの値段でマグロを買い続けるのだという。言うまでもなく、一匹のマグロからとれる腹カミの数は限られており、誰もが手に入れられるものではない。石司のマグロを買い続けることが経済的にも精神的にも苦しい時代があったと回想する鮨職人もいる。石司が用意した、その日一番の腹カミを使えるようになるには、技術はもちろん、その金額を払い続けるだけの経済的な体力がなければ難しい。念願の腹カミを握らせてもらうために、十年の歳月がかかったという職人もいる。

これだけのマグロを使うのだから、絶対に手抜きはできない――。

マグロを使う側の人間のこうした思いに、貴や中島は全力で応えなくてはならない。「今日はありません」では済まされないのだ。

取引先の在庫まで想像する

さて、解体されたマグロは、その後どうなるのだろうか。

四つ身に解体されたマグロは、その日の注文に応じて、さらに小さな塊に切り分けられる。四つ身から切り出される塊を「コロ」と呼ぶ。その断面は瑞々しく、空気に触れると徐々に真紅の色を帯びてきて見る者を惹きつける。

刃渡り1メートル、重さ2キロの半切包丁で四つ身からコロを切り出す中島。左は貴（写真：岡本寿）

切り分けるとき、中島は自分の名前が刻まれた特注の半切包丁を握る。刃渡り一メートル、ギラギラと輝いていて、まるで鉈《なた》だ。通常の半切包丁の三倍の重量の、二キロあるという。

「この重みを使ってマグロの断面に艶が出るように切ります。刃を乗せれば、あとは包丁の重みにまかせるだけ。豊洲の開場に合わせて、二年かけて鍛冶屋《かじや》につくってもらいました。もう、この包丁を打てる職人はいないんです」

中島は高校卒業後、やはりマグロの仲買人だった父の背中を追いかけてこの世界に飛び込んだ。あれから三十年。以来、何匹のマグロを競り落とし、さばいてきたか分からない。豊洲でも、この規格外の包丁を使いこなすのは中島しかいない。

マグロを切る時、一つの流儀がある。中島が思い定めた場所にザクリと包丁を入れる瞬間、いつの間にか両脇にスタッフがやってきて、そのマグロの両脇を抱きかかえるように固定するのだ。まさに、阿吽《あうん》の呼吸である。その上で中島は迷うことなく、一気に包丁を滑りこませる。最後は両脇の二人が、わずかにマグロの身を持ち上げ、身と俎板《まないた》台の間に空間をつくってマグロの皮を断つのだ。

「切った断面に艶が出るように、しっかりと刃を入れてやることが肝心です。刃を入れているだけで、その魚の状態は分かりますよ。骨が柔らかいやつもいれば、皮が硬いやつもいる。脂が乗っている魚は、その脂が刃に吸い付いてきますね」

見事な包丁使いを眺めていると、時折、中島は包丁の柄の部分を掌でガンガン叩いている。そうしなければ、断ち切れないほど硬い皮のマグロもいるのだ。中島の掌にはコブのようなタコがある。長年、マグロと格闘した証であり勲章なのだ。

中島が切ったマグロを四半世紀近く使い続けている鮨職人のレジェンドがいる。東京・四谷荒木町にある「日本橋　寿司金《きん》」主人の秋山弘だ。秋山は、マグロの希少部位を研究し、今でこそ有名になった「カマトロ」や「ヒレシタ」などを握りに取り入れた人物。そんな秋山が仕入れを任せているのが中島で、その付き合いは息子の代になっても変わらない。

「中島さんのマグロはね、その断面見ただけでわかりますよ。あんなにストーンと美しい断面を出せる人はいません。値段なんて値切ったことも、聞いたこともないですよ」

腹カミは誰もが手に入れられるわけではないが、腹カミだけを売っていたのでは商売にならないし、全ての客が高価な部位だけを求めるわけでもない。

石司は全国に五十軒を超える取引先の鮨屋をもつ。中島は常に、どの客に、どの部位を、どのタイミングで提供するか、複数ある客の注文と手元にあるマグロの数とを、まるでパズルのように組み合わせてシミュレーションしている。

「いつも、頭の中にあるのは取引先の店のマグロの在庫ですよ。品質のいい魚は、いつもあるわけではない。注文をもらってからでは対応できない場合もあるので、いつも先回りして、競り落とすマグロの数を決めています。予想通り鮨屋からの電話が鳴ったら、しめたものです」

石司の軒先にいると、早朝から入れ替わり立ち替わり、東京を代表する鮨屋の主人がマグロを仕入れにくるところに立ち会える。そこで交わされている会話が実に興味深い。確かに、「いいマグロ」を競り落とすのが仲卸の使命だが、中島や貴は客の求めるマグロの好みまで頭に入れているのだ。

マグロの質を決める四つの要素

マグロの良し悪しは四つの要素で決まるという。

「色」「香り」「食感」「値段」だ。

まず、「色」というのは、単純に包丁で切った時の断面の色はもとより、その魚がどれだけ長く「色持ち」するかということだ。そもそもマグロは時間が経てば経つほど色がくすんで、やがて焦げ茶色になってしまう。マグロの視覚的な醍醐味は、カウンターや皿に盛った時にパッと映える、目の覚めるような赤色だ。こうした発色の良さは、延縄や一本釣りなど「釣り」で揚がったマグロの特徴でもある。逆に巻き網など「網」で獲った魚は色持ちが悪く、足が早いと言われている。このように色を重視するのは、鮨屋よりも、皿に盛り込んだ刺身を調理場から離れた座敷などで提供する、日本料理店が多い。

次に、マグロの「香り」の正体はいったい何か。マグロはそもそもカツオやサバと同じく、海の表層を高速で泳ぎながら移動する回遊魚だ。高速で泳ぐためには、強い筋力が求められる。しかし、筋肉活動を活発化させるためにマグロは、全身に血液を循環させなくてはならない。マグロは血液の塊でもあるのだ。しかし、釣り上げられまいと身をよじり、激しく暴れて抵抗したマグロの筋肉の温度は上がり、筋肉中のタンパク質が急速に、マグロの持つ酵素と反応して変性してしまう。これによって生じるのがヤケであり、マグロの酸化臭である。つまり、なるべくマグロにストレスを与えない状態で水揚げし、手早く内臓を取り出し、体全体を氷で急速に冷やすことが重要であり、その処理が滞ると香りは「臭み」に変わってしまうのだ。適切な処理を施したマグロの身は、口に入れると、わずかに酸味を帯びた独特の芳香が広がる。その香りの余韻は伸びやかで長く、シャリ酢の酸と相俟《あいま》って鼻へと抜けてゆく。これは飛び切り上等な、生の本マグロでしか体験することができない。

そして、「食感」を決定するのは、そのマグロの脂の乗り具合である。とくに冬場、マグロの腹カミの断面は、国産和牛のリブロースを思わせるような〝霜降り肉〟となる。とくに、高品質のマグロの脂は融点が低く、人肌の温度でも融解が始まる。シャリとマグロとの一体感にこだわる鮨職人の中には、「シャリは人肌」と言う職人もいるほどだ。

マグロの旨さは「脂」にあると言う鮨職人は多い。石司でも、ダンベを覗き込んで、「今日の魚は脂ある？」と尋ねる料理人がいる。そもそもマグロは脂身が多い魚だが、とくに秋から冬にかけてスルメイカやサンマを食べたマグロの「腹カミ」は格別だ。スルメイカの肝（ワタ）もサンマの内臓も、人間が焼いて食べても濃厚で、コクがあって旨い。つまり、マグロの餌となるスルメイカとサンマが、その身質を決定するのだ。食べた餌がマグロの身質を決定づける例として、大西洋でニシンを大量に食べた、いわゆる「ジャンボ」は、刺身にするとニシンの香りがするということがある。

しかし、ここで重要なのは単に「脂が乗っている」ことではない。例えば、養殖のマグロは高タンパクの餌を与えられて育つため、季節を問わず脂が乗っている。しかし、その脂の質は天然と比べるとしつこく、「もう二つ三つ、食べようか」とは思わなせい。これに対して天然マグロの脂はどこまでもキメが細かく、口に含んでもサッと融けてもたれない。思わず、「もう一つ」と食欲が前のめりになってしまう。これが天然魚の奥深さである。

そして最後に「値段」。これは多くの人が勘違いしているが、鮨屋であれば誰しもが「腹カミ」と呼ばれ、一匹のマグロに二つしかない最も希少価値の高い高級部位を欲しているというわけではない。その店の回転率、客単価によって、腹カミよりもうんと安いシモの部位がいいという人もいる。つまり、マグロは使う職人によって「好み」が分かれる。高いマグロが必ずしも万人にとっていいマグロではないのだ。

石司で扱うマグロは全て天然魚だが、これらの条件が全てパーフェクトな魚はまず存在しない。そこで、使う側はどの要素を優先するか決めなくてはならない。また、空気に触れ、適切な処理を施されたマグロは、数日から一週間程度は熟成が進み、色、香り、食感が増す場合がある。切り出した日にイマイチでも、そのあと味わいが良い方向に化ける魚もいるのだから、マグロを買うのは奥が深い仕事になる。

鮨屋はマグロ屋と「心中する」

こうした要素を理解した上で、売る側と買う側の会話を聞いていると面白い。
貴「今日の魚は二日ほど寝かせると変わると思うんですよ。さっきさばいたばかりなので、この色ですが、明日以降、もっとよくなるはずです」
客「先週もらったヤツは、できあがってたね。ねっとりと手に吸い付く感触で、握っていても嬉しくなっちゃったよ。これで、あと気持ち、酸味が深いと最高なんだけどな」
これが時化続きで、本当に魚がない日が続くと、こう変わる。
客「いやー厳しいね。我慢のしどころだね……」

貴「今日はこれで一番だったんですけどね」

マグロに心血をそそぐ人は正直で真摯だ。主人も客も、いいマグロがあれば饒舌《じょうぜつ》。なければ無口。その道に賭け、勝負しているからこそ、マグロの品質について嘘をつくことはできない。けれども、「ない」では済まされないので、状態が悪いものばかりの時は、その中から最上のものを見つけてくるしかないのだ。ある鮨屋の主人がこんな話をしてくれた。

「鮨屋はマグロ屋さんとは心中ですよ。こっちも大金出してるから、そりゃ、言いたいことだってある。けど、それはお互いにわかってることなので、口に出すような野暮なことはしません。うちは大間のマグロを買っているのではなくて、石司のマグロを買っているんです」

大間のマグロは本当に旨いか

マグロの良し悪しが何で決まるかが分かったところで、素朴な疑問が湧く――大間のマグロは本当に旨いか――ということだ。「大間マグロ」の存在は今や市場関係者だけでなく、日本全国のお茶の間にまで浸透している。

そこで、市場に買い出しにやってくる鮨職人たちに、片っ端から「大間マグロ」について話を聞いてみた。

「十一月から一月初旬までだったら、大間ならほとんど間違いない」

「大間は確かに高いけれども、大間と言えば納得しない客はいない」

「ほかの産地と比べると圧倒的に旨い。右に出るものはない」

など称賛する声がある一方、

「春先でも、大間ある?なんて聞いてくる客がいる。一年を通じて大間があると勘違いしてるんだね。ブランドが先行しすぎてるんだよ」

「確かにトロの部分の脂のまわり方は抜群だが、赤身のバランスが悪い気がする」

「キロ二万を超える品物は普通の鮨屋では買えない。もっと安くて旨い産地はある」

など、人によって意見は割れる。

貴に、大間マグロについてその評価を聞いた。

「大間マグロといっても、全てがいいわけではない。大間のどの漁師が揚げたかによって品質は大きく違う。大間の名前にプライドを持っている漁師は必ず築地にも視察にやってきますし、そこまでしなくても、気になる品物があれば『今日のはどうだった?』とか連絡してきます。同じ電話でも『高く買ってよ』としか言わない漁師は、自分のことしか考えていない。これは大間に限ったことではありませんが……」

漁師によってマグロの品質が違うとは、どういうことか？　マグロの品質の良し悪しは、ある程度、目利きによって分かるというが、それでもやはり、商品としては扱えない「事故品」と呼ばれる粗悪品が紛れ込んでしまう場合があるそうだ。

その代表的なものがヤケを起こした魚である。前述したようにヤケとは、体温の急上昇によって魚の身が変質した状態だが、人間が普段やらないような急激な運動によって筋肉に炎症を起こし、腫れて痛みが発生しているのと同じ状態を指す。貴は言う。

「無理やり釣り上げようとするとマグロは抵抗して体をよじる。この時にヤケは起きるんです。腹を割って初めて分かるのですが、背の赤身の部分が茶色く焼けたような状態になっています。美しさが身上のマグロですから、この部分は売り物にならない。あまりにひどいものは事故品という扱いで、競り落としたあとからでも支払いを協議する場合があります」

確かに、同じ大間の漁師でも、餌や釣り方だけでなく、マグロが針に食いついた瞬間から釣り上げるまでの過程に、違いがあった。暴れるマグロを強引に力技で引き上げようとする人。時間をかけてマグロを遊ばせ、暴れないように慎重に釣り上げる人。どちらが釣り上げたマグロも「大間のマグロ」として競りにかけられる。

ヤケ以外にも「打ち身」「キズモノ」と呼ばれ、輸送の最中にぶつかって魚体が黒く変色したものや、銛など漁具によって傷がつき、そこから菌が入って腐敗したものまで、様々である。

しかし、第一章でも述べたように、マグロの品質を左右する最大のポイントは、釣り上げてから漁師が船上で施す血抜きと神経締め、そして冷やし込みである。これらの作業は、海に浮かぶ船の上で行われる。釣り上げてもなお「もう一匹」と逸《はや》る気持ちを抑え、時には、波によって三メートルも揺れる中でこの作業を済ませなければならない。漁師の側からすれば、釣り上げさえすればこっちのものと思いたくなるが、豊洲（市場）の側からすると、釣り上げてからこそが本当の勝負なのである。漁師が施した処理の如何によって、マグロの身質は刻々と変化する。ある仲買人は言う。

「同じ大間でも『あの船のやつはまたヤケだよ』とか、『あの船の魚は血抜きが徹底してるから身質がすこぶるいい』とか。こうした情報もまた目利きには重要なんです。ブランドとは、高品質を保つための地域の努力によって作られるものです。ところが大間は、それ以前にメディアの力によって有名になってしまった。大間漁師は高齢の人が多く、これまでの自分のやり方を変えるのは難しいという人もいる。だから、大間だからいいというのではなく、大間のどの漁師が釣ったマグロなのかが重要なんです」

一番乗りで遣りを突く

石司の軒先で話を聞いていると、そこではマグロが旨い、まずいという話が俎上に載せられることがほとんどないのに気づく。客も心得ていて、品物を値切ったりしない。鮨屋であれば、自分はどんなマグロが欲しいと思っているのか、理想とする鮨についてプレゼンテーションする必要がある。その上で、全てを委ねる。石司の看板を背負う貴と中島は、その思いに全力で応える。この両者の見識と、努力と、そして幸運が一致した時、食べ手である我々には、紛う方なき究極のマグロの一貫にありつくことが約束される。

けれども、マグロは季節、生息する海の状態、水揚げ時の天候や気温、漁法、漁師の性格、釣り上げてからの処理、輸送されるまでの状態などによって、品質が微妙に異なる。これればかりは、仲卸にはどうすることもできない。満点の魚が手に入るのはごく稀。時化で海が荒れ、魚の状態が芳しくない時は、ある魚の中からなるべく状態がいいものを選《よ》るしかない。

「魚を割ってしまえば、その答えは容易に分かるのですが、競り場に並んだ『マルの状態』で、その微妙な差を見極めるには、経験だけでなく、あらゆる手段でマグロの素性を想像する感性が重要です。これはセンスとしか言いようがありません」

と、中島は貴と似たことを言うが、面白いのは二人の目利きのスタイルが全く違うことである。先にも述べたように、貴が競り場に向かうのは、競り開始のきっちり十五分前。競り場に入っても、気になる一列目の魚を一瞬確認するだけで、早々と本番に臨む。中島が競り場に入るのは、競りが始まる一時間前だ。貴は言う。

「競り場に立った時の直感を大事にしています。あまり複雑なことを考えては、思い切ることができない。心のブレは品質のブレ。あれこれ魚をいじっているうちに、どれがいい魚か分からなくなるんです」

貴と中島は個別に下付けを終えたあと、それぞれの印象を伝え、どのマグロを担当するか話し合う。すると、競り場に入る時間、下付けの流儀の全く異なる二人が、魚の評価でピタリと一致するのだ。それに、二人は口を揃えて不思議なことを言う。それを、貴はこう表現する。

「マグロに触れた瞬間、その魚がどこでどんなふうに釣り上げられ、その後、どんな経緯でここにたどり着いたのかが、まるで動画のようになって頭の中を駆けめぐるんです」

貴はマグロを競る時に譲れない流儀がある。それが「初遣《しょ》り」だ。マグロの競りで入札額を伝える手遣りは、つい最近まで東京・兜町《かぶとちょう》にある東京証券取引所で使われていた。そんな競りの発端となる最初の遣りを、初遣りと呼ぶ。つまり、競りが始まるとどの仲買人よりも先に、一番乗りで遣りを突くのだ。

「自分の下付けに自信があるからこそ、初遣りを突くことができるんです。商売としては、他人の遣りに乗っかるほうがリスクが少ないのは明らかなんです。今でも、誰もやる人がいません。昔は競り人も心得ていて、こっちが間髪入れずに初遣りでポンと八千円と突けば、たとえ競合相手が次に八千五百円の遣りを突いても、それは読まずに『石司、八千円』と心意気を買って、落としてくれたものです」

魚河岸では魚の買い方にまで粋がある。こうした江戸前の美的理念を受け継ぐ人々の血脈は、貴や中島など、河岸で働く鯔背《いなせ》な衆に受け継がれている。

年の瀬になるとマグロの価格は跳ね上がる。時にキロ単価が普段の四倍近い三万円以上になるなど、馬鹿がつくほど高騰することも茶飯事だ。

「しーとーって、分かりますか？」

普段は強面《こわもて》の中島が、子どものような人懐っこい顔で尋ねてきた。「しーとー」とは「死取」とも書き、何が何でも、つまり「死ぬ覚悟」でそのマグロを手に入れるという覚悟が滲んだ符丁なのだ。

「競合相手が強気で競ってくるマグロを落とせたら本望ですよ。どんなに高値だってね。だって、そのマグロは他所《よそ》にはないんだから。口だけではなく、日本一の上物師であり続けたいと思いますよ」

石司の象徴である緋色のヤッケは、言うまでもなくマグロの緋色であり、日の丸の緋色でもある。日本一という、「一流」の先の「頂上」を目指して、今日も貴と中島は、夜明け前の空に向かって渾身の力を込めて遣りを突くのだ。

コラム　豊洲の歩き方

二〇一九年十月十一日。東京都中央卸売市場が中央区築地から江東区豊洲に移って一周年を迎えた。市場と言えば「築地」、という時代が長かったので、一年以上が経過した今も「豊洲」という言い方が正直、まだ板についていない。実際、「豊洲」と言わなければならないところを、十回に九回は「築地」と言い間違ってしまう。

もし、まだ一度も豊洲に行ったことがないのなら、ぜひ、早起きして市場見学に行くことを計画してみてほしい。ただ、銀座駅から徒歩圏内だった築地に比べ、豊洲はお世辞にも交通の便がいいとは言えない。いちばんアクセスがいいのは、新橋駅から「新交通ゆりかもめ」に乗って、豊洲市場に隣接する「市場前《しじょうまえ》」という駅で降りるコースだ。新橋駅からは都営バスも出ていて、豊洲までの所用時間はいずれも三十分程度である。ただし生のマグロの競りを見学したい人は、これらの公共交通機関は使えない。マグロの競りは午前五時、または五時半から始まるので、始発に乗っても間に合わないのだ。その場合はタクシーを利用するしかない。

マグロの競りは、水産卸売場棟二階の「見学者通路」からガラス越しに見下ろすのが一般的だ。ただ、ガラス越しでは競りの勇壮な雰囲気が伝わらないので、事前の抽選申込が必要だが一階の「見学者デッキ」を利用する方法をお勧めする。申込方法については豊洲市場のウェブサイトなどを確認して欲しい。ちなみに残念ながら、マグロに限らず、豊洲市場で一般人が鮮魚を購入できる場所は非常に少ない。基本的には〝プロ仕様〟の市場だからだ。

競りを見学したあとは朝食だ。管理施設棟の三階には飲食店があり、人気店では早朝から客が行列を作っている。かつてこれらの食堂は、市場で働く人専用の店だった。朝から、仕入れを終えた銀座や日本橋の料亭の旦那がカウンターに陣取って、ビールを空けながら魚談義に興じていたものだ。

さて、何を食べようか？――意外かもしれないが、私はよっぽどのことがない限り、豊洲では「鮨」や「海鮮丼」を食べない。理由は、そういうものを出す店が観光客で混雑しているからだ。

市場の食堂は場内で働く人相手だったので〝早い、安い、旨い〟の三拍子が当たり前だ。その代表格があの、牛丼でお馴染みの「吉野家」だ。創業は一八九九年、当時日本橋にあった魚市場でのこと。その後、関東大震災によって市場が築地へ移転したのに伴い、一九二六年に築地へ移転。新しい市場の敷地内で牛丼を売り出したところ、これが市場で働く人の胃袋を鷲掴みにしたのだ。そして、吉野家と同じように、日本橋に魚市場があった頃から市場で働く人に愛されてきたのが「印度カレー中栄《なかえい》」。この老舗の二店には今も市場関係者が足繁く訪れる。

この二店に共通するのが、吉野家であれば、牛丼のツユを多めにする「ツユダク」や、玉ねぎを多めにして、その分、肉を少なくする「ネギダク」、印度カレー中栄であれば、一皿に定番の印度カレーとハヤシライスを両方かける「合がけ」など、ユニークな「符丁」があることだ。印度カレー中栄の四代目・円地《えんち》政広さんは言う。

「市場は肉体労働でしょ。それに毎日の食事だから食べる人によってリクエストが違うんです。一つの皿に、カレーだけでなくハヤシのルーもかけてくれとか、早く食事を済ませたいから熱々のルーにキャベツの千切りを添えてくれとか。当初、そうしたリクエストは常連のための裏メニューだったんだけど、やがてそれが店の看板メニューになったんです」

印度カレー中栄ではカレーに卵入りの味噌汁を合わせるのが常連スタイルだ。半熟がいい人は「玉落ちみそ椀やわらかめ」、溶き卵がいい人は「玉ちらしみそ椀」と注文する。こうした市場ならではの符丁を知ると、市場の朝ごはんがより一層、楽しみになる。

もう一つ、豊洲ではないが、築地場外市場にある「フォーシーズン」という喫茶店も、私が市場を取材するようになってからずっとお世話になっている店だ。名物は茹で置きの食感モチモチのパスタを、注文を受けてから鍋で炒めて作る、喫茶店のスパゲッティー。中でもナポリタンは、市場に仕入れにやってくる食のプロたちからも絶大な支持を得ていた。私はこれを「夜明けのナポリタン」と命名し、早朝の市場取材の時に食べるのが楽しみで仕方なかった。

ついでに言えば、築地には魚市場こそなくなったが、場外市場と呼ばれる、鮮魚や肉、野菜など、食にまつわるあらゆる物が揃う商店街が健在だ。豊洲市場が〝プロのための市場〟ならば、こちらは〝庶民の台所〟だ。豊洲市場から新橋行きのバスに乗ると途中下車できるので、買い物はこちらをお勧めしたい。近くには築地本願寺もあるので、散策にはもってこいの場所だ。

第三章　いかにしてマグロは高級魚となったか

日本人と「シビ」の縁

そもそも、日本人はいつからマグロを食べてきたのだろうか。

実は、東日本の太平洋沿岸で出土した縄文時代の貝塚から、マグロの骨が発見されている。つまり、祖先が狩猟採集に明け暮れていた頃から、我々はマグロを捕食し、消費してきたのだと考えられている。それだけではない。日本人とマグロが深い関係にあることは、我が国最古の歴史書『古事記』や、そのあとに編纂された国書『風土記』『万葉集』でも裏付けられている。

鮪《しび》突くと海人《あま》の燭《とも》せるいざり火《ひ》のほにか出《い》でなむ我《わ》が下思《したも》ひを（大伴家持『万葉集』巻第十九・四二一八）

「鮪を突くと海人の灯している漁火《いさりび》のように、はっきりと示したほうがいいのだろうか。私の心のうちを」という意味だが、当時、マグロは「鮪《しび》」と呼ばれていた。

江戸時代になると、マグロは『江戸名所図会《ずえ》』など、全国に残る多くの地誌や浮世絵に描かれ、記録されることになる。

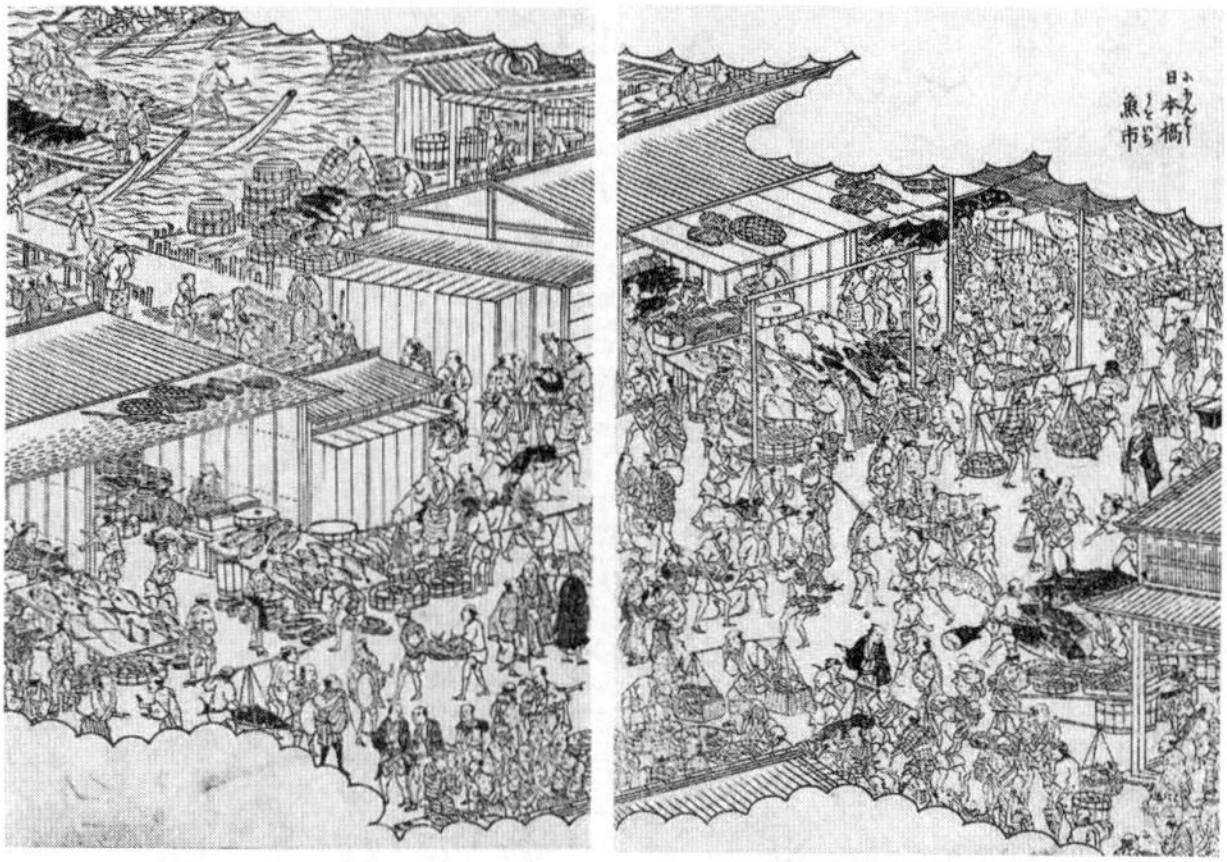

『江戸名所図会』より「日本橋　魚市」。マグロが描かれている

マグロに限らず、日本全国の漁村で消費されていた海産物が、東海道に代表される五街道（その他は甲州街道、日光街道、奥州街道、中山道）の整備によって、江戸（東京）へと通じる宿場町に広がったのだ。人の往来が盛んになったことで、物資の輸送が可能となる。全国各地の漁村では独自の漁業が考案され、漁場と海路の開拓も盛んになった。とはいえ保存技術に乏しい時代なので、先人は大変な苦労をしたと思われる。

ちょうどその頃、華のお江戸で、マグロは、その後の日本人の食文化を決定づける食べ方と、運命的な邂逅《かいこう》を果たす。「鮨」だ。酢の醸造技術が進歩し、米・魚・精酢を組み合わせ、発酵と熟成を促すことで天下の美味となる鮨が発明されたのだ。「寿司」とも「鮓」とも書くが、その起源は魚を塩と飯で漬け込んだ「熟鮓《なれずし》」で、近江の鮒寿司《ふなずし》がその代表である。

江戸時代、熟鮓は、酢飯と魚介を箱につめた「箱鮨」へ、箱の代わりに笹の葉で巻いた「毛抜き鮨」へ、そしていよいよ、職人が客の目の前で酢飯と魚介を手で握る「握り鮨」へと進化を遂げる。江戸時代に考案されたこの握り鮨は、現代において「江戸前の鮨」と呼ばれる。江戸前とは江戸湾（東京湾）でとれた魚介を鮨種に使ったことから来ているが、ただ新鮮な魚介を切りっぱなしで使うのではなく、「蒸す」「煮る」などの手法で食材に火を通したり、塩や酢で「締める」ことが重視されていた。マグロも生ではなく醤油に漬け込んで使われ、「づけ」と呼ばれた。

ただ、当時マグロが高級魚として扱われていたかというと、そうではない。そもそも鮨屋の発祥も「屋台」であり、鮨は庶民のファーストフードとして誕生した。また、江戸の花柳界では、シビは「死日」を連想させると忌み嫌われた。大げさでけばけばしいことを嫌い、粋に軽妙洒脱に生きることをモットーとしていた江戸の人々はシビを不吉な魚として遠ざけたとも言われる。こうして、シビという名称を嫌った人々は、いつしかシビを、姿が黒いことから「真黒《まっくろ》」と呼ぶようになり、それが「まぐろ」となった。ちなみに、江戸の魚市場（魚河岸）には駿河湾で獲れたキハダマグロも並んでいたようだが、いずれも本マグロ同様、「マグロ」と呼ばれるようになった。

「津軽海峡を塞ぐほどマグロがいた」

明治時代になると日本各地でマグロの大漁が続く。大間と同じ青森県の下北半島にある東通村尻労《ひがしどおりむらしっかり》という漁村には、豊漁を記念して建てられた石碑がある。

尻労は下北半島の太平洋側にあり、大間から車で一時間ほど走った場所にある（第一章冒頭の地図参照）。なだらかな坂道をいくつか抜けた先に、小高い山々に抱かれるようにして静かな漁村がある。地図を片手に尻労漁港の裏手にある急勾配の林道を進むと、下北半島では漁業の神として知られる「八龍神」を祀った祠と、その石碑があった。そこには「尻労鮪萬本祝碑」と書かれていた。石碑に刻まれた言葉を要約すると次のようになる。

「明治三十（一八九七）年に村人がお金を出し合い、尻労沖にマグロの角網《かくあみ》を設置した。宮古出身の福士喜伝治をマグロ漁の責任者とした。三年間は全くの不漁だったが、明治三十五（一九〇二）年五月に大漁が続き、一万尾のマグロが獲れた。福士は下北半島のマグロ漁の元祖である」

文中に登場する角網とは、海に網を固定して魚の群れを追い込む「定置網」の一種だ。下北半島ではこの角網が各地に建てられ、集落はマグロの豊漁に沸いたという。その後、下北半島ではこのマグロの大豊漁を、日露戦争（一九〇四―〇五年）における日本軍の勝利と重ね合わせ、「一国一家の大慶事」と礼賛。その喜びを込めた民謡「鮪大漁祝唄」は、今でも祝いの席などで披露されるという。

当時どれくらいの水揚げがあったのだろうか。青森県によると、明治三十八（一九〇五）年、津軽海峡におけるマグロの水揚げ量が「四十万五千七百二十七貫（千五百トン）」という記録が残されている。この数字には三厩や青森など東津軽郡の水揚げは入っていない。二〇一八年の大間町におけるマグロの水揚げ量が十二万三百七十七キロ（百二十トン）なので、百年前は十倍以上の水揚げがあったことになる。

大正時代（一九一二―二六年）に入ると、角網での漁は各地で終わりを迎える。大規模な設備投資が必要で、一回の操業のためだけに数十人の労働力が必要だったからだ。津軽海峡の場合、これと入れ替わるように考案されたのが、あの「一本釣り」だった。

ところが当初、テグスの先の針に餌となる死イカをつけアタリを待つという原始的な一本釣りは、課題が多かった。当時使用されていたテグスは絹糸を編んだもので、マグロの強烈な引きに耐える強度を持ち合わせていなかったのだ。その上、昭和以前の漁船は木製帆船が主流だったので、その日の天候や漁場の状態に合わせて船を広範囲にわたり自由に移動させるようなことはできなかった。

これらの問題が一気に解決されるのが戦後の高度経済成長期だ。マグロの水揚げの増加は、日本の近代化、工業分野における技術革新の歴史と重なる。一九五五（昭和三十）年頃に強度の高いナイロン製のテグスが開発され、瞬く間に日本全国に普及すると、百キロ近い大物を釣り上げる漁師が続出した。強化プラスチック製の船が開発されたのはその十年後で、船外機（ディーゼルエンジン）を搭載すれば、これまでとは比べものにならないほどの広範囲を、自在に移動することが可能になった。

そして決定打となったのが、魚群探知機の導入である。それまでの漁師は、前述のように山々の稜線と建物の位置で船の現在地を特定し、海鳥がなぶらの上につくる鳥山などの自然現象を頼りにマグロの魚影を追っていた。一本釣りはマグロの群れの先頭に船をつけて、魚群めがけて餌を流し、アタリを待つ。こうした漁師の技量の上に導入された魚群探知機によって、マグロをより効率的に釣れるようになったのだ。

大間漁協の資料では、一九六一（昭和三十六）年に現在のおよそ三倍にあたる四百トンの水揚げがあったと記載されている。漁具が十分に進化する以前にこれだけ獲れていたということは、つまり、そもそも資源としてのマグロの絶対量が現在とは比べものにならないほど多かったということだ。

大間のある古参漁師は、取材に対して、「あの頃は津軽海峡を塞ぐほどマグロがいた」と答えた。それを裏付けるように、町を歩けば、「マグロの心臓を火であぶっていくつも食べた」「一日に二百本を超えるマグロが市場に転がっていた」「大漁で処理しきれないマグロの腐敗臭が集落に漂っていた」など、豊漁を示す証言に何度も出くわした。

しかし、マグロが現在のような〝一攫千金の高級魚〟であったかというと、当時のキロ単価から考えて、そうとは言い切れない。当時のマグロは一キロ三百円で、百キロの魚を釣り上げたとすると漁師の報酬は三万円弱。これは当時の大卒銀行員の初任給の一・五倍強なので、漁師にしてみれば決して悪くない稼ぎであるが、今の平均であるキロ八千円で計算すると八十万近くなり、今の初任給を考えると、マグロの値段は二、三倍になったということになるからだ。

一方、マグロは釣り上げてすぐ内臓を取り出し、腹に氷を詰めるなどの手当てをしなければ、あっという間に身が変色し、生で食べることはできなくなる。大量の氷を運ぶ施設も、氷を惜しまず使うべきだという知識も、十分には普及していない時代だ。陸の孤島とも言える大間から、解体したマグロを人力で運び出し、最寄りの消費地である青森市やむつ市に届けるのは至難の業だった。水揚げされたマグロは、一部こそ各地の市場に送られたが、残った分はタダ同然で地元で消費されていたのだ。

マグロが全国から集まるようになるまで

マグロの大豊漁は津軽海峡に限ったことではなかった。江戸時代のマグロの水揚げ地は、東北地方の太平洋側や、紀伊半島、能登半島、富山湾沿岸、九州の平戸・五島列島など江戸の遠隔地ばかりで、江戸に運ばれてきた時点では鮮度は落ち、変色し、生ではとても食べられる状態ではなかったはずだ。「下魚」として扱われても仕方がない。

しかし江戸後期から明治にかけては、関東地方でも相模湾沿岸や伊豆半島、千葉・銚子などで大量のマグロが水揚げされるようになった。尻労のあの「尻労鮪萬本祝碑」のように、マグロの大漁を示す記録が古書などに残っている。

中でも驚くのは東京湾（江戸湾）でもマグロが獲れていたらしいことだ。昭和三十年代（一九五五―六四年）までは、東京湾の入り口にあたる千葉の鋸南《きょなん》、富浦、館山《たてやま》付近にマグロ

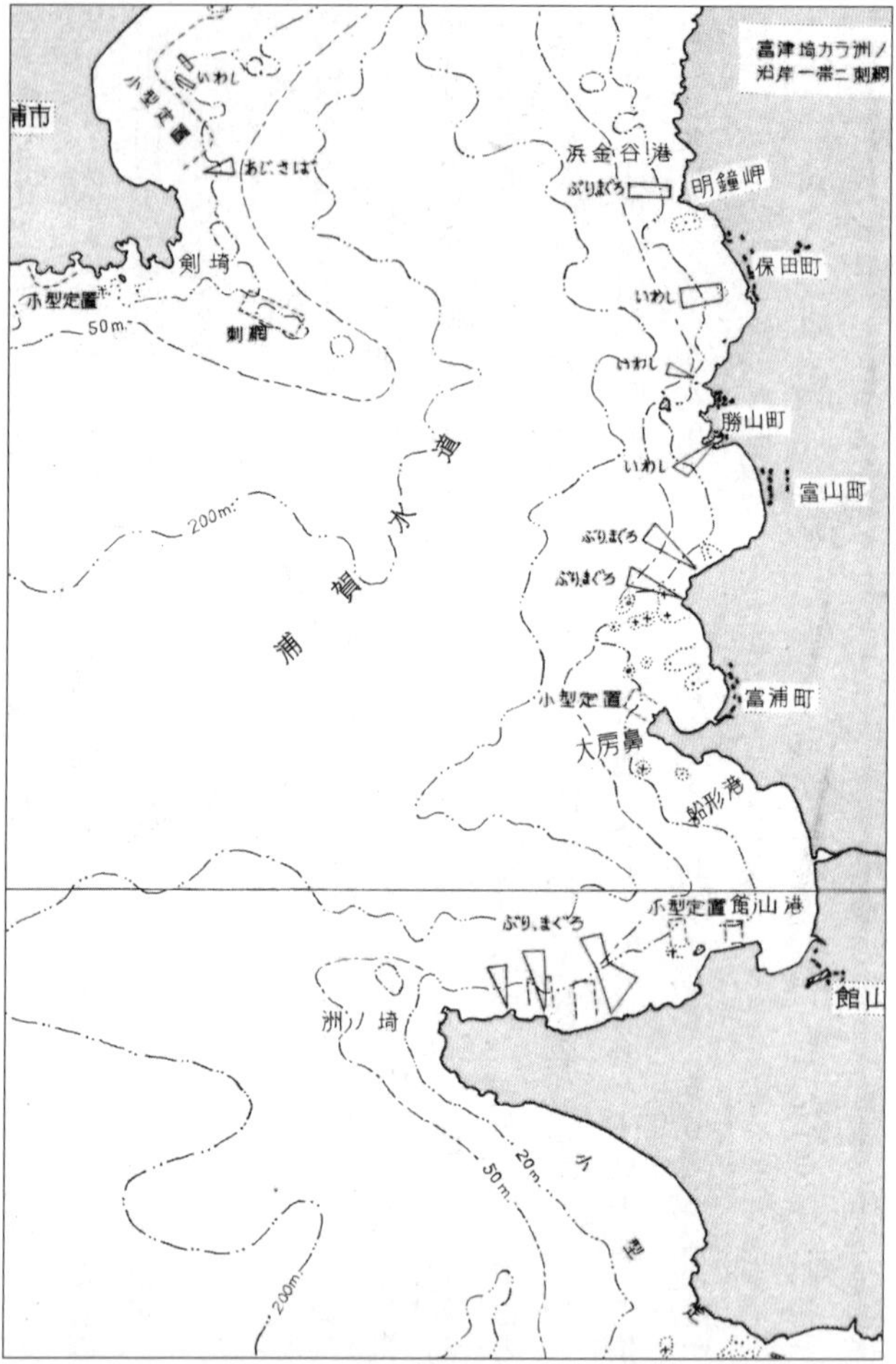

昭和31年（1956）に、船が安全に航行できるよう海上保安庁水路部が作成した「漁具定置箇所一覧図」。東京湾岸の各地で、マグロを獲るための定置網が張られていることが分かる（出典：海上保安庁漁具定置箇所一覧図 第7）

の定置網が張られていたことが、海上保安庁水路部（現海洋情報部）が作成した「漁具定置箇所一覧図」に示されている。

いずれにしても、日本橋に市場があった頃から、マグロを扱う仲卸は「大物業者」と呼ばれていた。しかし、今日のように大間をはじめ、全国各地で水揚げされたマグロが定期的に並ぶようになったのは、日本全国に高速道路網が張りめぐらされ、物流の中心が鉄道から自動車に替わった一九八〇年代以降である。とくに大間に関しては、東北における交通の大動脈・東北自動車道が開通した影響が大きい。

一九七〇年代後半から大間では、前述したような、マグロに電気ショックを与えて仮死状態にして釣り上げる電気ショッカーや、船の動力を使ってテグスを巻き上げる巻き上げ機など、新しい漁具が次々と考案される。並行して鮮魚の保存技術が進化するなど、大間マグロをめぐる環境は年を追うごとに向上していったのだ。

不漁期と工期の不思議な一致

そんな矢先、津軽海峡に異変が発生する。マグロが釣れなくなったのだ。〝海峡を塞ぐ〟ように泳いでいたというマグロの魚影が年々少なくなり、とうとう消えてしまったのだ。

そして、元号が昭和から平成に変わるとついに、「水揚げゼロ」という事態に直面してしまう。

一九六五（昭和四十）年　十一万九千五百九十二キロ
一九七五（昭和五十）年　五万三千二百三十二キロ
一九八五（昭和六十）年　三千五百八十七キロ
一九八九（平成　元）年　九百十三キロ
一九九〇（平成　二）年　水揚げなし

津軽海峡からマグロが消えた——。その理由は未だはっきりしていない。ただ、大間漁師の多くは、不漁の原因は青函トンネルの掘削工事および開通が関係しているのではないかと言う。津軽海峡の海底を貫いて本州と北海道を結ぶ青函トンネル建設と、マグロの水揚げ減少の歴史は、確かに不思議なほど一致するからだ。

一九六四年　北海道・吉岡で調査斜坑の掘削開始
一九六六年　青森・龍飛《たっぴ》で調査斜坑の掘削開始

一九七一年　北海道、青森でそれぞれ本坑の掘削開始
一九八三年　先進導坑貫通
一九八五年　青函トンネル本坑貫通
一九八八年　青函トンネル営業開始

全長五十三・八五キロメートルに及ぶ青函トンネルは、地質、断層や湧水の状況を確認する長年の先進ボーリング調査を経て、二十年以上の歳月をかけた工事により開通した。その間、津軽海峡の海底では、岩盤を掘削する槌音が絶えなかったと聞く。本州と北海道を海底トンネルで結ぶという計画は、これまで漁業を生業としてきた地域の人々の生活を一変させた。津軽半島の北端の町・龍飛に全国から人が集まることになり、マグロ釣りを休業して工事に参加した漁師もいた。俗に言う「トンネル景気」が到来したのだ。

マグロの漁獲量は、トンネル工事が進むにつれて減少した。「掘削によって海底の水質が変化した」「トンネル工事の騒音でマグロが近寄らなくなった」「工事が海峡の海流を微妙に変えた」……。こうした憶測は、津軽海峡全域の漁師の間で今も語り伝えられている。

一方、皮肉にも、大間マグロの水揚げ量と反比例するように、一九七〇年代後半から、

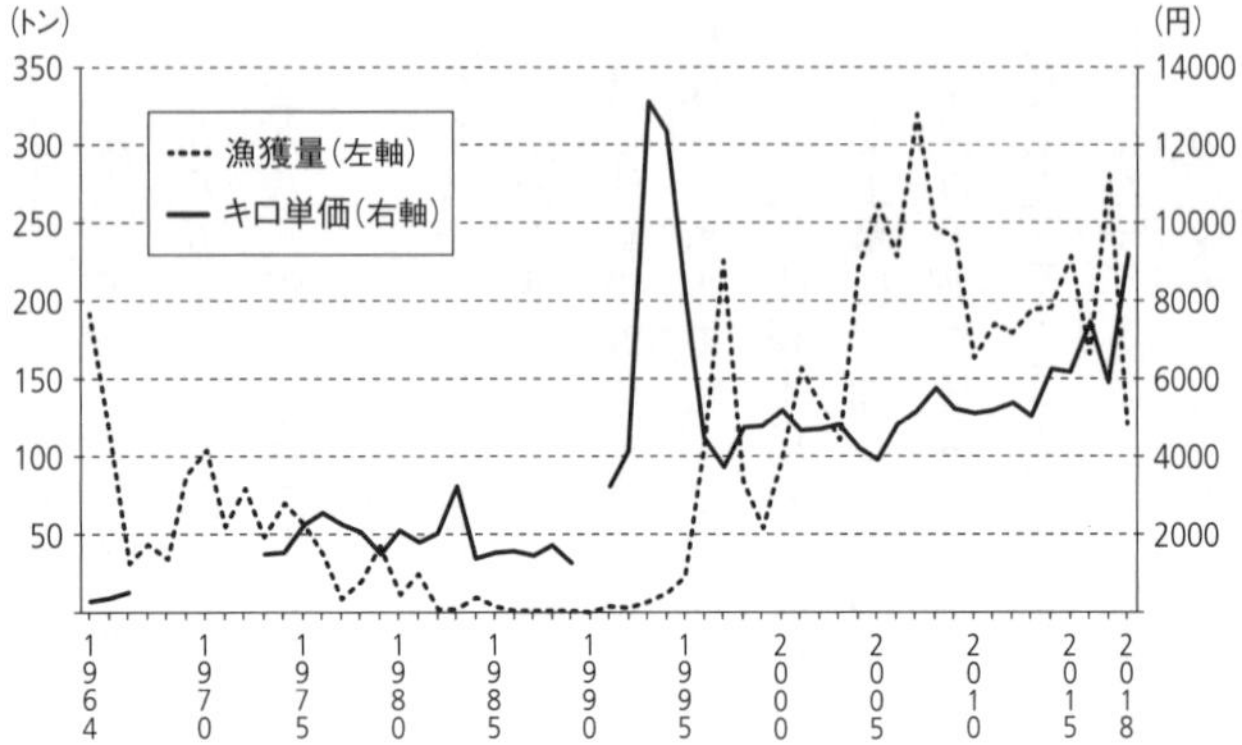

最近55年間に大間町に水揚げされたマグロの漁獲量とキロ単価(出典:青森農林水産統計年報、青森県海面漁業漁獲数量調査結果書、青森県海面漁業に関する調査結果書。途切れた部分はデータを算出できなかった年)

マグロの単価は一気に上昇する。一九七〇年代前半まで平均キロ単価数百円だったものが、八〇年代前半までに千五百円、二千円と、それまでの五倍以上に跳ね上がった。八三年には三千二百七円を記録する。

この背景には、高度成長に伴い国民の所得が増加し、首都圏、とくに東京においてマグロの需要が一気に高まったことがあると考えられる。

吉野鮨が「トロ」を商品化した

マグロが高級化するきっかけとなったのが「トロ」の誕生だ。

東京・日本橋に「吉野鮨本店」という一八七九(明治十二)年創業の鮨屋がある。魚河岸が日本橋にあった時代に屋台として創業し、現在に至るそうだ。赤酢と塩のみで仕上げるシャリは昔ながらの製法で、鮨種も穴子、コハダ、タコ、イカ、シャコなど江戸前の伝統を今に継承する。

一九三九（昭和十四）年生まれの四代目店主・吉野正二郎は、昭和三十年代（一九五五―六四年）まで、マグロは下魚として扱われ、東京の高級な鮨屋では敬遠されていたと証言する。

「私がまだ小僧の頃、東京・八重洲には花柳界があって、待合《まちあい》にお鮨の出前をよく届けたものです。ある時、待合のおかみさんから『マグロなんて持ってきたらダメじゃないの。今日のお客様がどういう人だか分かっているの』ときつく叱られたことがありました。その時、すし桶《おけ》にはマグロの赤身と脂身の握りが入っていたんです。明治生まれの旦那衆が羽振りを利かせている時代、魚といえばタイかヒラメで、マグロは格の落ちる魚。ハレの日のお座敷には出してはいけない魚だったのです」

かつてマグロは遠方から運ばれてきていたため、魚河岸に到着する頃には鮮度が落ち、脂の乗った腹身部分は色が褐色に変わっていて、今のような味わいは望むべくもなかったのだ。だからこそ、料理人はマグロの部位の中でも、骨に近く色が変わりにくい「赤身」の部分だけを買い求めた。

つまり、今では「大トロ」や「カマ下」などと言って珍重されている「腹」の部位は、人気がなかったのだ。とくに魚河岸では、マグロの腹は「アブ」と呼んで見向きもしなかった。アブは「虻蜂《あぶはち》取らず」「脂汗」「泡銭《あぶくぜに》」など、客商売をする上では好ましくない、あるいは不潔なイメージを持たせる。今でこそマグロの価値を決定づけている「脂」は、当時の人々の口には合わなかったのだ。

だから、アブは長らく、捨てられて当然の粗と同じ扱いの、「生で食べるなんてとんでもない」ものだった。結局アブは、大工や左官などの労働者が暮らす下町の一膳飯屋で、ネギといっしょに鍋の具とされた。これが「ねぎま鍋（葱鮪鍋）」である。実際には、火を通したマグロは目が飛び出るほど旨いはずなのだが、アブが銀座や日本橋の料亭など一流店で振る舞われることはなかった。

そんな「アブ」を初めて「トロ」という言葉で呼び、鮨種として商品化したのが、正二郎の先々代にあたる人物だった。大正時代、吉野鮨ではすでにマグロの赤身を握っていた。ある時、赤身を切らした際、客の目を盗んでアブを握った。醬油に酒とみりんを合わせてひと煮立ちさせた「煮切り醬油」をつけて出したところ、大好評を得る。やがて客の一人が「口の中でトロッと融けるから、トロと呼んだらいいんじゃないか」と主人に提案した。

その一言でアブはトロと呼ばれるようになり、店の看板メニューになって全国に広がった。

今回、東京都内の老舗と呼ばれる鮨屋に、いつからトロを握り始めたのかと尋ねて回ったが、その中ではこの吉野鮨の逸話が最も古く、具体的だった。このトロの台頭がやがて、マグロという魚への憧れを肥大させていく。そして、白木のカウンターで直に職人に握ってもらう「鮨」という食べ物への憧れと相まって、マグロが「鮨屋の華」と言われる時代に突入するのだ。

それはマグロに限らず、日本人の「食」に対する意識が大きく変化していく時代だった。キーワードは「バブル」と「グルメ」である。

和牛の霜降りとマグロの大トロ

一九八二年、西武百貨店が一風変わった広告を掲載する。

「おいしい生活。」

コピーを制作したのは、かの糸井重里だ。時代がバブル経済へと突入するとば口にあって、「おいしい」という言葉が連想させる多幸感は、当時の人々を「消費者」として、一気にグルメブームへと引きずりこんだ。

まさに、「モノを売る」時代から「情報を売る」時代への大転換期だった。その大前提となったのは、都会＝東京発の、洗練された消費文化だった。

グルメという言葉に代表される消費文化をお茶の間に浸透させた立役者が、テレビと雑誌である。とくに一九八〇年代以降、お昼のワイドショーなどの情報番組が、食べ物をテーマにした特集を量産するようになる。その傾向は、ターゲット層こそ違うものの現在にも脈々と受け継がれている。

中でも、一九八〇年代に台頭したのが「神戸牛」「松阪牛」など産地に基づいた「和牛ブランド」だ。それまでも、「ステーキ」は日本の庶民にとって高嶺の花で、特別な日の豪華な食べ物だった。しかし単なるステーキではなく、食材が生産される現場の地名を冠した〝ブランド主義〟は、日本の飲食シーンを大きく変化させた。情報という付加価値を消費する、食材ブランド化時代の到来だ。

バブル期に「和牛」と共に社会的地位を確立させた食べ物が鮨だと言えるだろう。それまで、白木のカウンターに居座り、職人と相対する格好で鮨を食う行為は、一般庶民には縁のない別世界のものだった。ところが、メニューはおろか表札すらない銀座の裏路地の鮨屋がテレビや雑誌で特集されるようになると、そうした「情報」を手にした一般消費者が、こぞって店の暖簾をくぐるようになった。

そもそも江戸時代に屋台のファーストフードとして誕生した鮨は、一九七〇年代以降、回転寿司に代表される、家族連れでも楽しめる安価なセルフサービス店と、銀座や日本橋などの繁華街に店を構え、職人自ら客に鮨を握る高級店に二分された。マグロの種類で分ければ、前者を支えたのが遠洋で獲ったメバチやキハダなどの冷凍マグロで、後者が日本近海で獲れた国産本マグロだ。

これは私の推論だが、この時期にマグロが一気に高級鮨の代名詞のようになったのは、高級和牛の特徴だった「サシ」や「霜降り」に魅了された人々が、江戸前鮨の華であり、店の「格」を左右するとまで言われた、マグロの「大トロ」を知って、食指を動かした結果なのではないか。口の中に入れると、人肌の温度帯でシャリといっしょに融けてなくなる大トロは、まさしく別格の味だったのだ。

しかし、一九八〇年代から九〇年代にかけて、鮨の世界に確固たるブランド主義が確立されたかといえば、それも違う。

確かに、国産マグロを扱う仲卸や一部の鮨職人の間では、当時から冬場の大間産が一目置かれていた。しかし、大トロという言葉ならまだしも、マグロの産地である「大間」に言及する一般人はいなかった。

今世紀初頭の「二千万円突破」

「大間マグロ」という名前がブランド名として全国のお茶の間に浸透したのは、間違いなくテレビの影響である。

きっかけは二〇〇一年正月、当時の築地市場で行われた初競りで二百二キロの大間産のマグロに二千二十万円もの値がついたことだ。キロ単価は十万円である。十年前に一度「漁獲ゼロ」を記録していた大間は、このニュースに沸いた。この記録は十年後に大きく抜かれることになるのだが、一匹二千万円という値段は、当時としては破格だった。

そもそも、なぜ「初競り」に注目が集まるのか。

一年の初めに行われる初競りは、その年の景気を占う意味もあり、「ご祝儀相場」と呼ばれる、平時の相場よりも高い金額で取引される。全国のマグロ漁師もそれを心得ていて、この初競りに向けてマグロを釣り上げようと、年末年始は争奪戦を繰り広げるのだ。

この年、二千二十万円というマグロの破格値に色めき立ったのは漁師や水産業者だけではなかった。たまたま前年のＮＨＫの朝ドラ『私の青空』の舞台が大間町だったこともあり、それまで地元の人しか知らなかった本州最北端の漁師町は、〝日本一のマグロの町〟として突如、全国のお茶の間にまで知れわたったのだ。これが「大間マグロ」というブランド誕生の契機となる。大間漁協の関係者も喜んだ。

「一九九〇年の漁獲量ゼロから一転して、メディアのこの騒ぎよう。マグロの値段も跳ね上がり、一度は陸に上がったマグロ漁師も戻ってきました。大間に漁師の数も増え、それに伴って水揚げが増加しました」

大間がブランドになった、もう一つの理由がある。それは「本当に旨かった」のだ。まさに旬を迎え、丸々と肥えたマグロは、ブランド和牛にも負けない旨さと価格を誇り、日本人の思い描く〝高級食材〟の頂点に君臨するのにふさわしかったのだ。

さらに、「大間」という名前が浸透するにつれ、この本州最北端の町でマグロと格闘する男たちを主人公にした、『マグロに賭けた男たち』『TVチャンピオン　大間のマグロ漁師王決定戦』などのテレビ番組が続々と制作されるようになる。

中でも二〇〇七年、俳優の渡哲也が二百二十キロのマグロを実際に釣り上げて話題を呼んだ、テレビ朝日系列の連続正月ドラマ『マグロ』は決定打となった。同番組は、大間漁協、大間町商工会、大間町役場が全面協力し、十億円という映画並みの制作費が投じられる異例の企画となった。

そうして、マグロは、年末年始のテレビの視聴率奪取の切り札となっていった。とくに定番となったのが、家族の病気や自身の体調不良に悩まされ思うように釣果をあげられなかったマグロ漁師が、最後の最後でマグロを釣り上げ、そのマグロが初競りにかけられるまでを追うという物語だった。番組のキャッチコピーにはこんな言葉が躍る。

「あの悲運の漁師が巨大マグロを釣り上げる」

「最長老漁師の命がけの死闘に密着」

「巨大マグロ戦争　初競りに賭ける男たち」

いつの頃からか、初競りで一番高値をつけたマグロは「一番マグロ」と呼ばれるようになる。番組の主人公として、漁師だけでなく、マグロを競る仲買人や、鮨職人までもクローズアップされ始めた。

板前寿司のリッキー・チェン、現る

「初競り劇場」と呼ばれるようになったマグロの初競りは、いつしか正月の風物詩となった。その年の一番マグロはどこで獲れた何キロのマグロで、いくらだったか。そして何より、誰が競り落としたのか。かつては漁業関係者しか知り得なかったこうした情報が、新年の全国ニュースで報じられるまでになったのだ。

しかし、二〇〇一年の二千二十万円の記録は、簡単には破られなかった。「ご祝儀相場」とはいえ、しばらくは四、五百万円台が続く。

地殻変動の予兆が見えたのが二〇〇八年。彗星のごとく現れた香港人がいた。人気鮨チェーン店「板前寿司」の代表リッキー・チェンである。リッキーは、やはり国産本マグロを看板商品とする仲卸の「やま幸《ゆき》」とタッグを組んで、外国人で初めて、一番マグロを六百七万二千円で競り落とした。

当時私は、リッキーを取材していた。

リッキーは「香港の寿司王」の異名をとっていた。十九歳で鮨職人に憧れて来日。当時、客単価一万五千円は下らない江戸前鮨の世界にのめり込みつつも、いつか世界中の人に、リーズナブルな値段で本格的な鮨を食べさせたいという夢を抱く。

修業を終え香港に帰国したリッキーは、日本の熊本のご当地ラーメンである「味千ラーメン」のチェーン展開を成功させ、青年実業家として、念願だった寿司ビジネスへ参入しようと再び来日していた。しかし、信用こそが物を言う閉鎖的な〝河岸社会〟の洗礼を受け、辛酸を舐める。築地でマグロを買おうとしても、外国人というだけで門前払い。商売すらさせてもらえなかったのだ。

そんな矢先、日本で海産物の流通ビジネスを手掛ける中村桂《かつら》と出会う。リッキーは中村を通じて日本の水産業界に独自のパイプを確立。二〇〇四年、香港で板前寿司を創業。三年で店舗を五つに増やし、〇七年には日本を代表する鮨屋がひしめく東京・赤坂に日本第一号店をオープン。中村はリッキーに口説かれ「板前寿司ジャパン」の社長に就任した。

リッキーは中村をこう説得したそうだ。

「寿司はもはや、日本の寿司文化から世界の〝sushi〟文化へと確実に進化している。だからこそ、いっしょに世界の〝sushi〟スタンダードを作ろう。そのためには寿司発祥の地である日本に、話題性のあるベンチマーク的な店を作って欲しい」

この二〇〇七年は、日本の飲食シーンにとって重要な年だった。レストランを星の数で評価し格付けする、フランスの『ミシュラン』が上陸。日本の食文化が世界的な脚光を浴びるきっかけとなったのだ。このミシュラン上陸の年に、いきなり三つ星を獲得した鮨店が、あの有名な「すきばやし次郎」である。

中村は赤字覚悟で、店では一年を通じて国産本マグロを提供した。赤身一貫百五十八円。

最高級の大トロでも一貫三百九十八円だった。このスタイルは、繁盛店となった今も変わらない。ところが思惑は大きく外れ、ネットで風評が一人歩きし始めた。

「中国人が経営する寿司チェーン店」

「香港から逆輸入された寿司」

ニューヨークのあるダイニングレストランを連想させる、和モダンの豪華な内装も、当初は受け入れられなかった。どこにも負けない国産本マグロを使っているのに、やはり外国人資本ではダメなのか。

そんな時、ディレクターとしてテレビ番組を制作した経験を持つ中村は、あるアイディアを思いつく。中村は言う。

「初競りで最高値の国産本マグロを買ってマスコミに取り上げてもらおう、そうすればぼうちが普段から国産本マグロを使っていることを知ってもらえる、初競りはその象徴の日になる、と思ったのです」

マスコミに取り上げてもらうにはどんな舞台装置が必要か。テレビ業界を知る中村の読みは正鵠《せいこく》を得ていた。必ず「一番」でないといけない。「二番」では、誰も喋らせてくれない――。

こうして、リッキー率いる板前寿司は二〇〇八年初競りの一番マグロに目をつけ、その争奪戦に名乗りをあげたのだった。この宣伝戦略が大当たり。一夜にして板前寿司は、行列のできる人気店になったのだ。

築地市場初、外国人が初競りの高額マグロを落札――。

このニュースは日本国内だけでなく、アジア全域、欧米にまで報道された。かのニューヨークタイムズでも紹介され、国際的な反響を呼ぶ。

その一方、「黒船来襲、日本のマグロが外国人に食い尽くされる」「日本の食文化が海外に流出する」などの誹謗中傷が、中村のもとに殺到した。

「競り落とされたマグロが全て香港に持っていかれた、と勘違いされたんです。確かに、常連のお客様のために一部を香港に持って行ったのは事実です。けれども、九割は日本国内で、値段据え置きで提供しました」

思わぬ反響に、中村やリッキーは困惑していた。

苦境を救った銀座久兵衛

翌二〇〇九年の初競りに臨む中村に、思わぬ人物から声がかかる。本格江戸前鮨の名店として知られる「銀座久兵衛《きゅうべえ》」の二代目主人・今田洋輔だった。銀座久兵衛と言えば、美食家として名高い北大路魯山人《ろさんじん》など、日本を代表する芸術家、政治家などを客筋に持つ老舗中の老舗だが、実は競りに参加できる権利「買参権」を持っていない。銀座久兵衛と板前寿司は、同じ仲卸・やま幸からマグロを買っていた。やま幸も、多くの名店を顧客にかかえる有名店だ。話し合いの結果、両者が共同購入する条件で、今田は初競りへの参戦を決めた。今田は言う。

「昨年は、やま幸が築地で一番のマグロを取ったのに、全部リッキーに持っていかれたんです。そこで、一夜にして寿司王だ、マグロ王だなんて世間が騒いだでしょう。おう、だったら今年はオレがやろうじゃないかって、ムクムクと闘志が湧いてきたんです」

当時の銀座の街は、リーマン・ショックの影響で不景気に泣いていた。天下の久兵衛も例外ではない。今田は初競り一番マグロを景気好転の起爆剤として使うことを考えた。一方の中村は「香港資本がマグロを独占」という批判を避けられる上、銀座久兵衛と同じマグロを使っているという〝お墨付き〟を得ることもできる。リスクも半分だ。両者の利害は一致していた。

こうして、リッキー率いる板前寿司は、天下の久兵衛とタッグを組む形で二〇〇九年以、九百六十三万円（キロ単価七万五千円）三千六百二十八万二千円（キロ単価七万円）、三千二百四十九万円（キロ単価九万五千円）と、さらに三年連続で初競りを制し、正月の話題を独占する。

とくに二〇一一年の三千二百四十九万円は、それまで「抜くことができない」と言われていたあの二千二十万円の記録を、十年ぶりに大きく塗り替えて見せた。

この時代以降、初競りにおけるマグロの値段の高騰は天井知らずとなる。それ以前まで初競りのマグロを射止めていた有名鮨店の店主はこうつぶやく。

「初競りとはご祝儀相場。一年の景気が上がるように通常の二割増しほどの値段で買ってあげるというのが、業界のためになると思って、いわば心意気でやってきた。今年はお前のとこがとれよ、なんて〝持ち回り〟の時代もあったんです。ところが、メディアが注目すればするほど競争は激しくなる。もう個人経営の鮨屋では到底、手の出ない額になってしまったんです」

そしていよいよ、のちに「マグロ大王」の異名で知られることになるあの男が、初競り一番マグロ争奪戦に参戦するのである。

日中代理戦争？

「一番マグロをとってこい。あとは俺がなんとかするから」

二〇一三年正月、人気寿司チェーン店「すしざんまい」を率いる喜代村社長・木村清は、競り台に上がる若い衆にそう発破をかけた。この年の初競りには、例年にない異様な雰囲気が漂っていた。

「もしかすると〝億〟が飛び出すのではないか……」

市場関係者の間ではそんな予測が飛び交っていたのだ。予兆は、前年の初競り後からすでにあった。

二〇〇八年以降四年連続で初競りを制していたリッキーは、二〇一二年正月、突如現れた木村に競り負けることになる。この時の価格は五千六百四十九万円。前年の三千二百四十九万円から二千万円以上高騰している。

相手がいるからこそ競り値は上がる。しかも、テレビは十二月に入るとこの初競りの話題をスポットニュースでお茶の間に投下する。メディアの騒ぎは続き、リッキーも当然、五連覇を狙っていたはずだ。木村は全くのダークホースだった。

彼が一番マグロを奪取するとメディアは騒然となった。しかも木村は大勢のメディアの前でこう言った。

「今年は海外勢に日本のマグロを持って行かれなくてよかった」

この一言が、その前々年に発生した、尖閣諸島沖での中国船衝突事件で敏感になっていた一部の人々を刺激。板前寿司をターゲットとして誹謗中傷が展開されたのだ。

こうした因縁もあり、早い段階から、二〇一三年の初競りの額は前年を上回るだろうと言われていた。そして、寿司界の新興勢力である板前寿司とすしざんまいの〝大手寿司チェーン店対決〟も、すでに噂されていたのだ。

この時点でマグロの初競りは、マグロそのものの良し悪しではなく、大手寿司チェーン店による〝日中代理戦争〟と化していた。もちろん、両者共に経営者なので、広告効果を狙って、それに便乗したのは間違いない。

二〇一三年の初競りの現場も、私は取材していた。この日は初競りということもあり、本マグロだけでも五十本以上が出品されていたが、市場関係者の視線は、競り人の下付けで一番の評価を得た二百二十二キロの大間産に集中していた。

第二章でも紹介した通り、マグロの競りはキロ単位で争われる。競り人が独特の声でリズムを刻んで高値を煽り、仲買人は手遣りで入札金額を伝える。通常なら数秒で決着がつくが、この日は三分が経過しても勝負はつかなかった。

この日の競りは一キロ当たり二万円からスタートした。通常では平均がキロ八千円だから、二万円といえば始めから高値だ。それがあっという間にキロ五万円にまで跳ね上がった。マグロの競りでは、キロ十万円までは千円単位での入札となるが、十万円を超えるとそれが一万円単位になる。つまり二百二十二キロの場合、競り値が一つ上がるだけで一万円上がることになり、全体の金額は二百二十二万円上がるのだ。

結局、キロ単価は七十万円で決着した。総額は一億五千五百四十万円。金額が発表された時、競り場全体が大きくどよめいた。木村は言う。

「一匹のマグロが一億五千五百四十万円ですよ。高すぎます。けれども、本当にいいマグロをお客さんに食べていただくのは嬉しい」

競り終了後、木村は、恰幅のいい数人の若い衆を従えて、競り落としたマグロを荷車に積んで場内を練り歩いた。噂を聞きつけて沿道に集まった人々から時折「日本一！」の掛け声が飛ぶ。場外市場にある「すしざんまい」本店に到着すると、木村は日本刀のようなマグロ包丁を自ら手にし、記念写真に収まった。

これが、木村が名実ともに「マグロ大王」となった瞬間だった。

元自衛官・木村清の実像

一億五千五百四十万円のマグロが世間を騒がせた直後、私は週刊誌『AERA』の人物ノンフィクション「現代の肖像」の取材で木村に密着することになる。当時、木村に対する評価は真っ二つに分かれていた。

木村氏のある意味での「俠気《おとこぎ》」と「決断」に拍手喝采を送る人もいれば、「やり過ぎだ」「節操がない」などの批判もあった。

木村氏は当初から一貫して「広告宣伝が目的ではない」と宣言していたが、結果的にすしざんまいは大行列の人気店となり、今では日本の正月の「顔」ともいうべき存在だ。私は、木村があの一億五千五百四十万円のマグロの鮨を、その元を取ろうと法外な値段で客に出したのであれば、それはさすがにやり過ぎだと批判しただろう。けれども、木村は値段据え置きで客に振る舞った。仮にそれが広告費だったとしても、「億」単位の金を持ち出してまでも、初競り一番のマグロを手に入れたかった。そんな〝馬鹿げたこと〟をする人物は木村以外には存在しないのだ。

私は木村清という人物がどんな人物なのか興味を持った。そこで、木村氏が「マグロ大王」と呼ばれるまでを取材し、彼を知る周囲の人物の声も交じえて『AERA』で発表した（二〇一三年九月九日号）。この時、編集部がつけたタイトルは「世界を満腹にするマグロの帝王」。やや長文になるが、その時の原稿を抜粋して紹介する。

六月のある夜、色とりどりの民族衣装をまとったアフリカの女性に囲まれ、人気寿司チェーン店「すしざんまい」を経営する喜代村社長・木村清（六十一歳）は上機嫌だった。彼女たちはアフリカ開発会議（TICAD）のために来日したアフリカ各国の首脳夫人らで、今まで鮨はおろか生魚さえ食べたことがない。木村の勧めに応じて恐る恐る「本マグロの握り」に口をつけた彼女たちだったが、しばらくして満面の笑みでカメラに向かってVサインを決めた。

〔中略〕

木村がなぜ政府主催の国際会議に関係しているのか——。同じ日、本会議が開催されているホテルの一室で木村と談笑していたのは、アフリカ各国の水産大臣や事務次官などの政府要人数十人。中には東アフリカの小国・ジブチ共和国の大統領など国家元首の姿もあった。この会合は、非公式ながら、多忙な会議の合間を縫って木村に会いたいと、アフリカ首脳側が日本政府に要望して実現したものだ。調整役を買って出た元内閣総理大臣の森喜朗も「民間人ながら木村さんのグローバルな人脈はすごい」と舌を巻いたという。

木村は近年そのジブチに通っている。マグロをはじめ、水揚げした魚の加工、冷凍、流通など、木村自身が日本の水産業界で培ってきた技術と知識を惜しみなく提供し、地元の雇用創出に尽力してきた。

「向こうは魚を獲ると全部塩漬けにしちゃう。それもいいけれども、例えば魚肉ソーセージにすれば輸出もできるし、何より地元の人々の仕事になる。アフリカにはムスリム（イスラム教徒）も多いから、魚肉だったら間違いないでしょう」

アフリカの政府関係者の一人は、木村の時代を見据えた先駆性を高く評価する。

「世界がアフリカに見向きもしない時代から、『ツナキング』は民間外交を重ねてきた。ODAを行うJICA（国際協力機構）など、日本政府は、彼が開けたドアを使って、彼の後から遅れてやってくる」

●生簀に飛び込みマグロ観察 「蓄養漁業」の生みの親

木村が世界のマグロに目をつけたのは三十年前。当時、喜代村の前身となる「木村商店」を立ち上げ、寿司ネタの販売や鮮魚の卸売りをしていた木村は、国産に負けないマグロを求めてスペイン南部の港町・カルタヘナに乗り込んだ。

北アメリカ大陸とユーラシア大陸を分け隔てる北大西洋は、クロマグロ（本マグロ）を育む世界最大の海の回廊である。毎年五月、体長二メートル、体重二百キロを超えるクロマグロが、産卵のために大群をなし、大西洋と地中海を結ぶジブラルタル海峡を越えて、スペイン、イタリア、クロアチア、ギリシャなどの沿岸部に接近する。

このクロマグロに目をつけたのが、バブル景気を追い風に世界最大の水産市場を形成しつつあった日本だった。グルメブーム、回転寿司の台頭などで国内のマグロ市場が一気に拡大すると、多国籍企業がこぞって日本へ向けマグロの輸出を開始。回遊するマグロの群れを一網打尽にする「巻き網漁」が地中海沿岸で本格化したのもこの時期である。

ところが、日本の青森県・津軽海峡で行われている勇壮な「一本釣り」に比べて、一回で数百匹のマグロを根絶やしにする巻き網漁は、操業の過程で魚体に膨大なストレスと外傷を与える。その多くが「ヤケ」や「身割れ」を起こし、商品としての価値は落ちる。また出荷サイズに満たない幼魚は全て廃棄処分されていた。この現場を目撃した木村は、近い将来、クロマグロは絶滅するのではと危機感を抱く。事実、世界四十九カ国・地域が加盟するＩＣＣＡＴ（大西洋まぐろ類保存国際委員会）が、地中海におけるクロマグロの漁獲制限に踏み切ったのは、それからすぐのことだった。

マグロ資源を守り、持続可能な漁業を確立できないだろうか——。

木村は突拍子もないアイディアを発案する。巻き網で漁獲されたマグロを買い取り、海上に作った生簀で生かし、需要に応じて生産調整をしながら日本に輸出しようというのだ。質の高いマグロを安定した価格で取引することで、一度に大量のマグロを乱獲し安く叩き売る必要がなくなる。木村はこれを「備蓄マグロ」と命名した。

「時速百キロで泳ぐマグロを生簀で生かすなんて絶対に不可能、と水産業界の誰もが鼻で笑いました。私は、『水族館のイルカだってちゃんと環境に適応して成長できる』と反論しましたが、当時は誰も取り合ってくれませんでした」

木村は生簀に飛び込んで、水中を泳ぐマグロを観察して生態を研究し、この画期的な取り組みを成功させる。木村の「備蓄」という考え方は今、世界各地で「蓄養」と名前を変えて普及しつつある。

木村がマグロ行脚で訪れた国は六十五カ国。大西洋、地中海、インド洋、南太平洋、カリブ海……。今では世界十カ所の海に専用の「備蓄マグロ」の生簀を常備している。

木村が築き上げた「グローバル・マグロ・ネットワーク」は、二〇〇一年、築地場外市場の一等地に満を持して進出した「すしざんまい」の誕生に結実する。それまでの寿司ビジネスの常識を大きく覆す「二十四時間営業」「三百六十五日無休」「明朗会計」という経営戦略が奏功し、創業十二年で国内五十一店舗、年商百九十二億円にまで急成長。その起爆剤となったのが、売り上げの三割を占めるマグロだった。

「寿司の中でも最も高価な大トロが一貫三百九十八円。いつでも、どの店舗で食べても、同じ金額で、好きなだけ本マグロを食べてもらえる。一日に数本しか水揚げがない日もある国産マグロだけに頼っていては絶対に実現できません」

木村と親交が深いジブチ共和国大使のアホメド・アライタ・アリはこう話す。

「彼はアウェー（海外）であっても動揺しない。目的を達成するために必要なリソースは何かを常に考え、最短距離でそれを手に入れようと行動する。怖いもの知らずだよ。そんなことができるのは彼が元アーミー（自衛隊）だからさ」

●人生を決めたマグロの味　パイロット夢見て自衛隊へ

「勇猛果敢　支離滅裂」

航空自衛隊（空自）の気質をユーモアも交えて表現した言葉である。そもそも日本には空軍が存在せず、陸自、海自と比べてその歴史は浅い。伝統に縛られない空自の発想は常に柔軟でフットワークも軽いが、いったん空に飛び立ってしまうと後はどうすればいいのか判断がつかなくなることを評している。

四歳の時、父が交通事故で急逝。一家の大黒柱を失った木村家は困窮する。木村には人生を決定づけた「味」がある。ある時、母が知人の法事の精進落としで供されたマグロを二切れ持って帰ってきた。当時、マグロは高嶺の花。母は、「ひとりで食べるより、四人で食べたほうがおいしい」。そう言って二切れのマグロを一家四人で分け合って食べた。

「今思えばマグロの中でも最も安いキハダマグロの赤身だったと思います。いつの日か飛び切り上等のマグロを母に腹いっぱい食べさせてやりたい。それが人生の目標になりました」

ある日、耕運機にまたがって空を見上げていた少年の視界に、飛行機の機影が飛び込んできた。航空自衛隊の「F－86」戦闘機だった。その美しさに惚れこんだ木村は、大人になったら戦闘機のパイロットになると決意する。地元の中学を卒業すると、埼玉県熊谷市にある航空自衛隊第四術科学校生徒隊に入隊。十八歳で大検に合格し、競争率三十倍ともいわれる超難関の空曹候補生の資格を得る。ところが二十一歳の時、交通事故に巻き込まれ視力を悪くし、パイロットになる夢を断たれてしまう。

「運命は残酷だと思いました。何で俺なんだと何度も思い詰めました」

木村は航空自衛隊を退官し、在学中のアルバイトでかかわった水産関係の仕事へと転身。それでも航空自衛隊に所属した五年九カ月の経験は、実業家・木村清の血と骨そのものだという。航空自衛隊で培った財産は何かと尋ねると「体力と大和魂」。即答だった。

元航空自衛隊の航空パイロットで木村と同期入隊の古谷隆二（六十一歳）は、常に世界を視野に入れた木村の考え方は、自衛隊で最初に叩きこまれる「国外を意識する」習慣の延長なのだと言う。木村のカリスマ性は当時から突出していて、何か行事がある度に周囲からリーダーに抜擢された。立ち居振る舞いは常に豪快で明るく、弱い自分を他人に見せたことは一度もない。自衛隊員は個人の資質によって「指揮官型（現場)」と「幕僚型(後方支援)」に分かれるが、木村は絶対的に「指揮官」タイプ。しかも、より困難な状況下で燃える「有事適応型」だった。

「超人的な体力でした。訓練ではわずかな水しか配給されないのですが、自分は飲まずに周囲の仲間に分け与える。当時から『利他』に尽くす人。自衛隊にいても必ず成功していたと思います」

現在、「すしざんまい」の総帥として、寿司職人を含む千三百人の従業員を従え、独自に若手寿司職人を育成する学校まで経営している木村の統率力を高く評価するのが、統合幕僚監部のトップであり、陸・海・空全自衛官の最高位に立つ統合幕僚長の岩﨑茂(六十歳)である。

「売り上げという目標に向かって『走れー』と号令をかけて、部下と一緒に全力疾走する。けれども自分が一番走り過ぎちゃうから、誰もついていくことができない。部下も全力疾走していないわけではないのに、木村さんにはかなわない。それでも食い下がるのは、この人と一緒に働きたいという想い。木村さんは、この人のためならと思わせるリーダーとしての統率力が尋常じゃない」

二年前、福島第一原発事故で、大量の放射能汚染水が海に流出した時、後手に回る日本政府の対応に、木村は現地に二十万トンの大型タンカーを派遣するという独自のアイデアを持って、永田町のある自民党大物議員の事務所に押し掛けた。応対に出た議員の秘書をその場で口説いて、多忙なその大物議員との面会を実現させた。

「自衛隊と海洋船舶。両方の知識に明るい木村さんの話にはリアリティがあった。結局、そのアイデアは採用されませんでしたが、その秘書はすっかり木村ワールドに感化され、今では寿司といえば『すしざんまい』と決めているそうです」

木村と永田町に乗り込んだ中央魚類株式会社会長・伊藤裕康は、当時を振り返って笑う。一方、ビジネスの現場では「勇猛果敢」とは全く正反対の顔を併せ持つと証言するのは前出の古谷だ。

「ビジネスに関しては『支離滅裂』どころか『精巧緻密』。とにかくロジスティクスに長け、人一倍、自分にも数字にも厳しい」

確かに築地市場を見下ろす喜代村の社長室は全てガラス張り。社内の二万円以上の支出は全て自分で決済するし、店頭で配るチラシの一言一句に至るまでチェックを欠かさない。

●臨機応変、精巧緻密なロジ　予期せぬ成功呼び込む才能

午前六時。築地中央卸売市場から車で十分の場所にある専用の物流センターに、競り落とされたばかりの鮮魚が続々と運び込まれる。毎日、各店舗からの注文が入るのは午前一時。その情報は築地でスタンバイする仕入れ担当者に伝えられる。仕入れを一括で行うことでコストを大幅に削減。各店舗の注文に応じて品物を選り分け、検品が終わると遠方の店舗順に配送が始まる。遅くとも昼の営業の仕込みに間に合う午前十時には全ての店舗に食材が届く仕組みになっている。

担当者がその日限りで仕入れた旬のネタや珍しい食材が手に入ると、物流センターの一角がキッチンスタジオに早変わり。その場で調理と撮影が行われ、瞬く間に店頭に張り出すチラシが完成。商品には、レシピや産地情報を記した申し送りが添えられる。売り上げに直結する臨機応変な対応ができるのも、ここで品物を扱う従業員が元寿司職人だからである。放射能測定器も常備され安全面でも検査に余念がない。

「午前の発送が終わると、午後には各地の港からその日の朝に水揚げされた魚が羽田空港経由で直送されてきます。夕方には世界各地の生簀から成田空港経由でマグロが届く。二十四時間、新鮮なネタを提供するために私たち裏方も走り続けています」（同

社商品本部本部長・酒井博）

早くから木村の商才に注目してきた人物がいる。作家の江上剛（五十九歳）である。江上は当時、みずほ銀行築地支店の支店長だった。

二〇〇〇年代初頭。築地はどん底の不景気に喘いでいた。バブル時代、銀行の甘言に乗り不動産投資に明け暮れた水産会社や有名鮨屋などは、バブル崩壊と同時に借金地獄に陥り、「鮨屋は銀シャリではなく銀行の金利を握っている」。そんな噂が囁かれていた。すしざんまい本店の土地オーナーが、築地関係者と共に木村に出店の話を持ちかけたのも、「築地に人を集めて欲しい。木村さんならできる」と期待してのことだった。

当時、築地支店として二千五百億円の貸付金と多額の不良債権を抱え、金利の回収が見込める新規の取引先を捜していた江上は、木村に面談を申し出る。帳簿を確認すると、木村はすしざんまい以外にも弁当屋やコンビニなどを多角経営していて、利益は正直トントンだった。江上が注目したのはやはり「二十四時間営業、三百六十五日無休、明朗会計」。これに特化させ、いつでもうまくて、安価な鮨を提供できるならば、融資させて欲しいと切り出した。木村は江上の提案を聞き入れ、事業を整理し、すしざんまいを拡大する方向に経営の舵を切る。江上は言う。

「優秀な経営者はドラッカーの言う『予期せぬ成功』を呼び込む資質を持っている。深夜に新鮮なネタはないという固定概念を覆し、気が付けば銀座のクラブのママ、電通やテレビ局のスタッフなど深夜族がやってきた。これからも上場は目指さずに独自の道を進んで欲しい」

●マグロと自衛隊、二つの縁　ビジネスでアフリカ支援

冒頭のアフリカ・ジブチの話に戻ろう。

ジブチに面し、スエズ運河に連なるアデン湾は、原油を中東諸国に依存する日本国にとって絶対に譲ることができない海の要衝「シーレーン」である。だからこそ周辺の海で跋扈する海賊から日本の船舶を守るために、自衛隊は護衛艦二隻とP－3C哨戒機二機を派遣している。そもそも、「先輩、ジブチでマグロが獲れるようですよ」と木村に一報を入れたのは現地から帰国した後輩の自衛隊員だった。ジブチに限らず、世界の海の要衝と呼ばれる海域にはマグロが出没する。領土問題に揺れる尖閣諸島、竹島近海もマグロの恰好の漁場だ。「マグロと自衛隊」。木村の人生を決定づけた二つ

の縁が、日本経済の命運を握る中東の海で交錯する。木村は言う。

「ジブチは周辺地域の中で比較的、治安もよく、アラビア半島をはじめ、イスラムとの文明の交差点でもある。これからは武器ではなく、ビジネスを介して、アフリカの人々と喜びを分かち合う時代。海賊はもともと貧困と戦争で飯が食えない哀れな漁師の成れの果てなんです」

「勇猛果敢　精巧緻密」。木村は休むことを知らないマグロのように、あの巨体を振るわせ、これからも世界中の海を回遊し続ける。（文中敬称略）

マグロに人生を重ね合わせる

木村の取材を進める中で明確になってきたポイントがいくつかあった。
○木村氏は想像以上に「緻密」な思考の持ち主で、同時に行動力は「大胆」。この両極端な性格が、すしざんまいの経営方針の根幹にある。「二十四時間営業、三百六十五日無休、明朗会計」で寿司業界の革命児に。決して行き当たりばったりの人物ではない。

○自分がかつて貧しかった頃に憧れた食べ物がマグロの寿司だった。だから多くの人に、最高のマグロを廉価で食べてほしいと願っている。

○元航空自衛隊という過去が、グローバルな経営思考とつながっている。日常的に安くておいしい本マグロを提供したい一心で、世界各地の海で「蓄養マグロ」を備蓄し、一年を通じて格安で本マグロを提供している。

木村もやはりマグロに人生を重ね合わせているのだ。豊洲市場では今も現金払いが鉄則である。競りの主催者である卸会社に十日以内に支払わなければならない。そのリスクを冒してまでも木村は「一番」のマグロにこだわっている。なぜならば、それが木村にとっての「マグロの最高峰」であるからだ。

「鮨おのでら－やま幸」連合

この一億五千五百四十万円が飛び出した二〇一三年以降も、木村は毎年、初競りを制した。正確に言うと、木村と競り合おうという人物が出なかったのだ。半ば「不戦勝」である。

しかし二〇一八年、木村の連勝はストップする。相手は銀座を皮切りにパリ、ハワイ、ニューヨーク、香港などに展開する「鮨　銀座おのでら」の小野寺裕司だった。タッグを組んだのはかつて、板前寿司のリッキーや銀座久兵衛と共に木村との競り合いを演じた仲卸・やま幸だった。

築地市場で行われる最後の初競りとあって、大勢の水産関係者が詰め掛けたが、木村は一番マグロを「おのでら」に譲る格好となった。この時の価格は三千四十万円。キロ単価は九万円だった。こうして、二〇一二年以来六年連続で初競りを制してきた木村は七連覇を阻止されることになる。新聞各紙には「すしざんまい　七連覇逃す」の見出しが躍った。競りのあと、木村は「値段よりも質を選んだ」と釈明した。

そして、その翌年の二〇一九年正月。市場は築地から豊洲に移転しており、真新しい競り場での初競りで、木村は自身が持つ一億五千五百四十万円の記録を鮮やかに更新するのだった。もちろん、相手は「おのでら」だった。

お膳立てができていた二〇一九年の「三億」

実は、九〇年代から日本の「鮨」は世界の「sushi」となりつつあった。しかし、それはマヨネーズで味付けしたサーモンとアボカドを海苔で巻いたカリフォルニアロールのような「鮨もどき」が中心だった。しかし、ここ数年、香港、シンガポール、ロンドン、ニューヨークなど、世界屈指の大都市に、日本の名店で修業した職人が出店。日本の名店と同等か、それ以上のレベルの鮨を提供するという点で、これまでとは違う様相を呈していた。

その筆頭が小野寺だった。本当の意味で日本の「鮨」の旨さを世界に知らしめたい。その熱意が経営の根本にある。

国内で庶民的な価格で寿司を提供する木村と、あくまで高級路線で世界展開を目指す小野寺。両者の思惑は「一番マグロを取る」という点で一致していても、理想は明らかに違っていた。

だから木村は、初競りが始まる以前からこう啖呵を切っていた。

「向こうに買われちゃったら、日本人が安い値段で初競りの一番マグロを食べられなくなってしまう」

木村の熱意にはもう一つ理由があった。二〇一八年十月に豊洲に市場が移転し、すしざんまい本店のある築地場外市場の客足は減っていた。そのため、また初競りの一番マグロを取って築地を活性化させてほしいと、築地に残留した飲食店や水産関係者に発破をかけ

初競りマグロの最高落札価格とその落札者

年	落札者	金額(万円)	重量(kg)	産地・漁法	キロ単価(円)
1999	—	382.0	191.0	青森県	20,000
2000	—	450.8	196.0	大間	23,000
2001	—	2020.0	202.0	大間	100,000
2002	—	279.5	215.0	大間	13,000
2003	—	638.4	228.0	大間	28,000
2004	—	392.6	151.0	大間・縄	26,000
2005	—	585.0	234.0	大間・縄	25,000
2006	—	382.0	191.0	大間・縄	20,000
2007	—	413.2	206.6	大間・縄	20,000
2008	やま幸（板前寿司）	607.2	276.0	大間・縄	22,000
2009	やま幸（板前寿司／久兵衛）	963.0	128.4	大間・縄	75,000
2010	やま幸（板前寿司／久兵衛）	1628.2	232.6	大間・縄	70,000
2011	やま幸（板前寿司／久兵衛）	3249.0	342.0	戸井・縄	95,000
2012	喜代村	5649.0	269.0	大間・縄	210,000
2013	喜代村	15540.0	222.0	大間・縄	700,000
2014	喜代村	672.0	168.0	大間・縄	40,000
2015	喜代村	451.0	180.4	大間・縄	25,000
2016	喜代村	1400.0	200.0	大間・縄	70,000
2017	喜代村	7420.0	212.0	大間・縄	350,000
2018	やま幸（おのでら）	3040.0	190.0	大間・縄	160,000
2019	喜代村	33360.0	278.0	大間・釣り	1,200,000
2020			?		

（出典：東京都中央卸売市場「平成30〜11年の初市マグロ情報一覧」、時事水産情報ほか）

られていたのだ。

「おのでら」も早くから初競りへの参戦を公表。役者は揃った。こうして、二〇一九年一月五日の朝を迎えるのである。

この日も市場には全国各地からマグロが集まっていた。しかし例年に比べると大物が少ない。この日、品質で下付け一番の評価を得たのは、前日に大間で水揚げされた二百七十八キロ。この日一番の大物だった。その時点で、このマグロが初競りの主役になることは、ほぼ〝当確〟だった。なぜならば、初競りに出品されたマグロの多くが、「止めもの」と呼ばれる、昨年に獲れた、鮮度の落ちる品物だったからだ。

決定打となったのは、このマグロが釣れる瞬間をテレビ朝日の番組『マグロに賭けた男たち』のクルーがカメラに収めていたことだ。そして、前日に二百七十八キロのマグロが水揚げされた事実がニュースになり、すでにネットで拡散されていたのだ。こうして舞台は整えられた。

しかも、木村が用意した軍資金は前代未聞の二億円相当ではないかという噂まであった。豊洲市場では、仲卸は落札したマグロの代金を数日後には現金で支払わなければならない。いかに高価格のマグロを扱う仲卸でも、億単位の現金をすぐに用意できるわけではない。

ある水産関係者はこう推測する。

「木村氏は前回の史上最高額である一億五千五百四十万円を、期限までに支払った実績があります。荷受である卸会社も、二百七十八キロのマグロが水揚げされた時点で、どの程度までやるのか、事前に探りを入れていたでしょう。卸会社だって、少しでも高く売りたいと思っていたはずです。そのやりとりの中で、天井として二億円という数字が出てきたのだと思われます」

「十万円」の手違り

午前五時十分。けたたましい鐘の音とともに辺りが騒がしくなった。競りが始まったのだ。競り場には五十人を超えるマスコミが押しかけ、一番マグロが決まる瞬間をカメラに収めようと、固唾を呑んで待ち構えていた。最初の異変は競りが始まった直後だったと、入札を見守った水産関係者が証言した。

「通常であればマグロの競りはキロ単価五千円あたりからスタートするのですが、この日、すしざんまいの仲買人は手違りで『一』と突いたのです。これだと普通は『一千円』か『一万円』なんですが、どうやらこれが『十万円』だったようなんです。これはえらいことになるぞと思いました」

マグロの競りは電光石火で決着する。一方が二十万円と突いたら相手は三十万円と、五十万円と突いたら六十万円と、わずか数秒の間にキロ単価が跳ね上がっていく。

そして、二〇一三年の七十万円(一億五千五百四十万円)の記録があっさり抜かれたことを、水産関係者だけが知ったはずだ。競り人も興奮しただろう。そして、入札額が百二十万円に到達するかしないかの時点で、張り詰めた緊張の糸がプツリと切れた。

木村と競り合っていたやま幸(おのでら)が競りを降りたのだ。この時、木村の周囲の関係者、マスコミの視線が競り人の手元に集中した。競り人は素知らぬ顔で次のマグロの入札を始めた。いったい、木村が競り落としたマグロはいくらなのか。当の木村も把握していない様子だった。と、次の瞬間、静寂を破る声があがった。

「喜代村、三億!」

歓声が、体育館ほどの広さの競り場をドッと揺らした。三億という数字を信じられない様子の関係者が、競り人の周囲を行ったり来たりしていたのが印象的だった。

時計の針は五時十一分を回ったところだった。たった一分での決着。

競り場から引き上げてきた木村は満悦の表情だった。その第一声は「ちょっと、やりすぎたかな」だった。

フタを開けてみると、その魚はやはり二百七十八キロの、あのマグロだった。キロ単価が百二十万円なので、実際の価格は三億三千三百六十万円。もはや気の遠くなるような数字だ。

ご祝儀相場とはいえ、この価格がどれだけ異常なのかは、この日の豊洲市場のマグロの相場を見れば一目瞭然だ。東京都中央卸売市場によると、競りに出品された生の国産マグロは全体で八十八本。そのうち最高値が、木村の競り落としたキロ百二十万円。その次に高いマグロはキロ四万円。三十分の一だ。一キロあたりでも百十六万円の差がある。最安値は二千円だった。つまり、同じ国産本マグロでも木村氏が競り落とした魚だけが破格なのだ。競りに参加した仲買人の一人は、その謎をこう分析する。

「お客様ありきの商売をしていれば、あの金額は絶対にありえない。お客様に転嫁できない金額ですから。つまり、赤字を自分の会社でかぶることが前提です。私たちは、朝、競り場に並んだ魚を見て、そこで初めて判断するのですが、あのマグロに関しては、最初から二社の一騎打ちだった。あの魚は競りの前からターゲットにされていたのです」

結局、木村は一貫二万円で提供しても原価割れになる三億マグロを、通常と同じ大トロ一貫三百九十八円で振る舞った。店の軒先には、この歴史的なマグロを食べようと長蛇の列ができた。

今や正月の風物詩となった豊洲市場の初競りの物語は、同じく、年末の風物詩として根付いた、あの国民的テレビ番組に似てはいないか。お笑い芸人が賞金一千万円をかけて生放送で漫才を披露する「M－1グランプリ」だ。栄冠を手にしたコンビは、年齢や芸歴にかかわらず、一夜にして全国区の知名度を得ることが約束される。動くお金は桁違いだが、勝者、敗者それぞれのドラマに、見る者は心を熱くする。いずれもテレビというメディアがそのお膳立てをしている点でも一致している。そして、この番組が始まったのは、初競りマグロが二千万の大台に乗った、そして「すしざんまい」第一号店が築地にオープンした、あの二〇〇一年なのである。

こうしてまた、来年の正月が待ち遠しくなっていくのだ。

コラム

冷凍マグロ(ミナミマグロ)が復権する日

静岡・清水港。ここは日本有数のマグロの水揚げ基地として知られている。ただ、マグロと言っても「生」ではなく、本マグロでもない。はるか遠く赤道直下のインド洋、太平洋で水揚げされた「冷凍」のミナミマグロが主体だ。豊洲市場では、獲れた場所がインド洋なので「インドマグロ」、もしくは「インド」と呼ばれている。

このミナミマグロの旨さを日本中に知らしめた名店がある。それが清水にある「末廣鮨」だ。店のカウンターには、ミナミマグロのカマトロ、大トロ、中トロ、赤身が並び、その美しさはカウンターに座った客を魅了する。古くから清水は遠洋漁船の基地で、マグロと言えば生ではなく冷凍が当たり前だった。現在もミナミマグロは冷凍以外では手に入らない。

私は仕事柄、よく、「生のマグロに比べると冷凍マグロは味が落ちるんですよね」と尋ねられる。確かに「冷凍」と言うと味が落ちるという先入観がある。事実、「生」と「冷凍」では商品としての価値に明らかな差がある。豊洲市場では生の国産マグロが頂点に君臨し、冷凍のマグロはいわゆる二番手、もしくは、それ以下の扱いだ。世の中に出回る八割のマグロが冷凍であるという現実が、生のマグロの希少性をより高めている。キロ単価も生に比べるとかなり安いので、銀座や日本橋など繁華街に店を構える鮨店は「本マグロ」を、それ以外の街場の大衆店が「冷凍マグロ」を使う傾向にある。

清水港で冷凍運搬船から水揚げされるミナミマグロ

写真：鵜澤昭彦

清水の冷凍マグロは「延縄」で獲られているが、釣り上げられたマグロは一本釣り同様、その場で内臓を取り、血抜きと神経締めの手当てが施される。遠洋の船の船頭は日本人だが、作業をするのはフィリピン人やインドネシア人の乗組員だ。けれども、日本式の、緻密で迅速な手当てが徹底した船は、「あの船はヤケが少ない」と評価も高くなる。解体したマグロは船倉にある冷凍庫で、零下七十度から五十度で凍結される。一度、遠洋に出た船は半年以上、漁場で操業し、船倉がマグロでいっぱいになると清水に寄港する。

こうした冷凍マグロの味の評価だが、それ以前に本マグロとミナミマグロを比べると、やはり、ミナミマグロはやや大味に感じられてしまう。また、独特の香り、酸味は、それが季節によって変化する生の本マグロに軍配が上がる。冬は鉄分を強く感じる、鼻の奥に抜ける高貴な香り、春から夏にかけてはさっぱりとした淡い香り。この香りと酸味は、季節、漁場、漁法、処置によっても変わる。マグロが置かれた状況によって変化する味わいの多様性は「生」ならではの醍醐味だ。本わさびとの相性も抜群である。

しかし、脂を重視する場合には、ミナミマグロに軍配を上げる人もいる。ミナミマグロのトロの部分には見事なサシが、年中入っているのだ。口に入れると、濃厚で甘い脂が広がる。そして、ああマグロのトロを食べた、という感慨が押し寄せてくる。とくに、夏場の脂が薄い本マグロと比べると歴然とした差が出る。その上、ミナミマグロの相場は本マグロに比べると圧倒的に安く、需要も安定しているので、食べ手の側からすると、お財布を気にせずに食べることができるのも大きな魅力だ。しかも、一度冷凍したマグロは、二年程度は味が変わらないという。近年、冷凍技術の飛躍的な進歩によって、冷凍マグロは着実に旨くなっている。解凍の方法さえ間違わなければ、生と比べても、冷凍はほぼ遜色がないと言い切っていいだろう。

現在、北緯六十度前後の北大西洋アイルランド沖で獲れた冷凍本マグロが流通し始めている。冷凍の味に遜色がないとすれば、このアイルランド産の本マグロは、資源の減少が著しい国産の生の本マグロの代替品として、今後、確実に評価が高まっていくと思われる。

生か冷凍か、本マグロかミナミマグロか——。とにかく、その両者がお互いの特色を生かしながら、共存していくことになるだろう。いずれにしても私は、一度は遠洋マグロの船に乗って、時に波で十数メートルも揺れるというアイルランド沖の本マグロ漁を取材してみたい。遠洋のマグロ釣りには、沿岸の一本釣りとはまた違う圧倒的なスケールと、独特の物語があるはずだからだ。

なお、冷凍のミナミマグロを食べてみたい方には、清水港に本拠を置く「八洲《やしま》水産」をお薦めしたい。先述の「末廣鮨」のマグロもこの八洲水産から仕入れている。ホームページから購入することができる。

第四章　どこで〝最高峰〟を食べられるのか

きよ田からあら輝へ

本書の冒頭で紹介した、「本当に旨いマグロは人生観さえ変えてしまう」という言葉は、かつて東京・東銀座に店を構えていた「あら輝《き》」という鮨屋の主人・荒木水都弘《あらきみつひろ》から聞いたものである。世田谷区の住宅街に同名の店を構えていた頃からその評判はすこぶる高く、数カ月先まで予約が取れない繁盛店として有名だった。

そんな街場の名店が、一流と呼ばれる店がひしめくハレの街、銀座に進出したのが二〇一〇年。お茶の間に「大間マグロ」という名前が浸透した頃だった。私は、『AERA』にこのあら輝についての企画を持ち込み、「日本一予約の取れない鮨屋の挑戦　銀座で紡ぐ師匠と弟子の物語」というタイトルでこれを記事にした。

それまでも料理や料理人を取材することはあったが、この荒木への取材を通じ、改めてマグロが日本人にとって特別な魚であることを認識させられた。あら輝こそ、一年を通じて、日本近海で獲れた最高レベルのマグロを使う鮨屋だったからだ。二〇一〇年、あら輝は、日本に上陸した、かのミシュランで三つ星を獲得することになる。少し古いが、当時の『AERA』の原稿をここに紹介したい。

その噂が聞こえてきたのは去年の暮れだった。東京・世田谷のはずれにひっそりと暖簾を掲げる江戸前鮨の名店「あら輝」が、満を持して銀座に移転するという。鮨職人にとって銀座は、ハレの日の街である。その銀座に、日本で一番予約が取りづらいと言われる「あら輝」が進出すると聞けば、鮨ファンならずとも期待と不安が募る。だが、鮨の世界を少し知る者にとっては、もうひとつ、特別なサイドストーリーを期待せずにはいられなかった。

惜しまれつつも二〇〇〇年に閉店した一軒の鮨屋が銀座にあった。その名を「きよ田」という。「あら輝」の主人・荒木水都弘（四十四歳）が初めて「きよ田」を訪れたのは一九九八年の暮れだった。歴代の常連には小説家の辻邦生や文芸評論家の小林秀雄など、昭和を代表する文士らが名を連ねていた。

「日本の芸術界に文学界、本物の美を司る人間を虜にする鮨とはどんなものなのか。何より、それを作る人間は一体どんな人物なのか、興味が湧いたんです」

「きよ田」はあまたある銀座の鮨屋の頂点に君臨していた。同時に、店の一切を切り盛りする主人についての伝説が引きも切らなかった。

「挨拶はしない」「一見さんお断り」「明細はなく会計時にトレーだけが差し出され

る」「勘定は一人十万円以上」。

荒木は覚悟して暖簾をくぐった。しかし、先入観は心地よく裏切られた。店に足を踏み入れた瞬間、荒木は、自分の目指す鮨屋の理想がここにすべてあると悟った。

「とにかく清々しい気が店内には満ち溢れていました。出された鮨を食べているうちに、自分の心に溜まった垢が削ぎ落とされる気がしたのです」

荒木は素性を明かし、いつか鮨職人として一人前になり独立したい旨を伝えた上で、目の前で鮨を握る主人・新津《にいつ》武昭《たけあき》に尋ねた。

「弟子はとらないのですか」

「もう弟子をとる気力はありません」

即答だった。しかし、つけ台越しに話をしてくれた。帰り際、これを読んできなさい、と数冊の本とビデオテープを手渡された。『風の男　白洲次郎』。吉田茂の側近として知られるこの男もまた、この店の常連だった。

二週間ほど後、荒木は、今度は日本酒を持って新津のもとへでかけた。あわよくば弟子に、という魂胆だった。しかし見事に一蹴される。

「荒木さん、相手に取り入ろうとしたらダメですよ。執着心を捨てなさい」

当時を思い出し、荒木は懐かしそうに照れ笑いを浮かべる。

「ダメだと言われてもお構いなし。目の前に、自分にとっての宝の山がある。だったら何が何でも食らいつきたい。そうでないと、自分の〝これから〟が見えないと思いました」

当時、荒木は苦しんでいた。東京・目黒「いずみ」という鮨屋で江戸前のイロハを教わって七年。鮨を握る技術こそ覚えたものの、自らの将来が見えず不安な日々を送っていた。実際、この直後に荒木は体調を崩してしまう。

そして、病み上がりの体の、その足でもう一度「きよ田」へ。今日何事もなく店を後にしたら、すべてが最後になるような気がしていた。

いつものように一通り食事を済ませた後、カウンターの向こうに立つ新津を前に、荒木は込み上げて来る思いをこらえきれなくなり、その場に突っ伏してしまった。

「親父さん、オレ、帰りたくないです」

気がつくと感極まってそんな言葉を口にしていた。

「だったら荒木さん、お休みの日に遊びにいらっしゃい」

その言葉を荒木は心の中で反芻した。そして、冷静を装いながらも心の中で高く拳を突き上げた。こうして荒木の「きよ田」通いが始まった。毎週月曜日、カウンター越しに新津の仕込みを見学する。一切、手は出さない約束。この一風変わった修業は、きよ田が閉店し、荒木が自身の店を世田谷区上野毛に出すまでの、およそ一年間にわたって続いた。

三井三池炭鉱で知られる福岡県大牟田《おおむた》市出身の荒木には、人生を決定づけた「味」がある。ある日、いつも油まみれのつなぎ姿で働く父親が食事に誘ってくれた。自動車の解体業を営む父親に連れられて初めて街の食堂で並んでちゃんぽんを食べた。あの何気ない時間が荒木の心に焼き付いて離れない。子どもながらに至福のひとときだった。

「味の記憶って大事だと思います。美味しいものを食べたという思い出は、いつか呼び起こされて人生の糧となります」

そんな思いがあるからこそ、あら輝では子ども連れも快く受け入れる。銀座に店を移してもそれは変わらないという。しかし、決断の時はある。ある時、顔見知りの家族連れがやってきた。途中、泣きわめく子どもを見て両親があからさまに嫌気がさしたのが分かった。荒木はその場でその家族に帰ってもらった。勘定は受け取らなかった。

白衣をまとい、全身全霊をかけて客をもてなす数時間。荒木は奏者として鮨を握り、指揮者として店の中を差配する。あら輝の鮨はその日築地で仕入れた一番のネタを荒木の思う順番で出す、「おまかせ」が基本。ツマミと握りで構成されて一人前二万円。決して安くはない。

真骨頂が大間に代表される本マグロ。握りの大半はマグロで通す。これもきよ田から引き継いだ流儀である。見事なサシの入った腹カミの部分を両手で抱えるようにして客の眼前にさらし、包丁を入れる。本当にうまいマグロは人生観さえも変える、と荒木は断言する。

「この街に移ったのは自分と家族のためです。よそ様は関係ない。美味しいものを作り続ける確固たる自信がある今こそチャンスだと思いました」

上野毛時代、荒木は自分の子どもを埼玉県にある妻の実家に預けていた。妻と二人で店を切り盛りしていたため、店だけで精一杯だった。だから、この銀座の店は十年で閉めると心に決めている。師匠が引退した年でもある五十四歳で、「鮨道」には一区切りをつけ、残りの人生では家族に恩返しをしたい。

現在、あら輝では数人の若い衆が働いている。銀座の街はその道の先駆者と、その背中を追いかける若き挑戦者たちとの「縁」の物語を静かに紡ぐ。最近、銀座の雑踏を歩いていると、かつて同じ街で鮨を握っていた師匠の新津のことをよく思い出すそうだ。

「いつか、親父が立っていた場所はどこだったのだろうって思う日が必ず来ますよ。鮨屋にとって四十過ぎはまだまだ小僧。その時が来たら、親父が眺めていた風景を見てみたいものですね」

（二〇一〇年五月十七日号掲載）

わずか二ページの短い記事だった。いわゆるグルメ雑誌ではなく、政治、社会情勢を扱うニュース週刊誌『AERA』がこの企画にゴーサインを出してくれたのも、荒木の握る鮨、そしてマグロに心血を注ぐ姿勢が、料理という枠を越えて、多くの人の心を揺さぶったからに違いない。

実はこの記事に登場するあら輝、そしてきよ田こそ、日本最高峰のマグロを一躍、世界に知らしめた鮨屋なのだ。荒木は年間を通して二千数百万円を、マグロの仕入れにつぎ込んでいた。荒木は、マグロは鮨種の最高峰だと断言する。

「マグロは分かりやすい魚なんです。他のネタと比べると飛び切り高価で希少だし、その姿も美しいじゃないですか。旨いマグロを黙って出すと、お客様は言葉を失ってしまうんです。いや、お客様の目の前でマグロの塊に包丁を入れるのですが、そのあたりからですかね。お客様の視線はマグロをさばく私の手元に釘付けになってしまう。そんな圧倒的な幸福感を味わえるマグロに出会えたなら、人生観だって変わってしまうんですよ」

この荒木の言葉に促され、私も散財を覚悟してあら輝のカウンターを予約した。フリーランスのライターにとっては当然、高嶺の花だ。

何しろあら輝では、一年を通じて日本近海で獲れた国産本マグロがこれでもかと登場するのだ。しかも、通常の鮨屋では、淡白な味のタイやヒラメといった白身魚から提供することが多いが、荒木の鮨は最初からマグロなのだ。それも、赤身、中トロ、大トロの三種類の部位が各二貫ずつ、計六貫がトントーンと続く。そしてとどめは「チョモランマ」と呼ばれる、マグロの手巻き。一巻きに三、四貫分のマグロが使われている。鮨は合計で十二貫ほど登場するのだが、あら輝の鮨は、実にその半分かそれ以上がマグロで占められていた。

荒木は二〇一三年に銀座の店を閉めて、英国ロンドンで世界のＶＩＰを相手に鮨を握った。そして今、香港での新たな計画に向けて動き出しているという。

私はこの取材を通して、人生観さえも変える最高峰のマグロは、例えば最高品質のワインやコーヒーと同じだと思った。つまり、漁師、市場の競り人や仲買人、鮨職人、そして食べ手である私たちなど、一匹のマグロの流通にかかわる立場の異なる人間が、川上から川下まで、その時々において最高の仕事をすることで、そのマグロは「良質」の数段上をゆく「別格」の魚になるのである。マグロの場合、それは「鮨」という食文化があってこそ実現されたのだ。

マグロに賭ける人々は高い理想を持つ。小細工や安易な妥協をして目先の充足感を得ようとはしない。自分に嘘をつかず、ギリギリのところまで意地を張り、人生をかけて、「一流」のその先の「頂」を目指している。マグロに魅入られた男衆に共通するのは、その非常に繊細なメンタルと、ふてぶてしいまでの大胆な行動力だった。

マグロを食うなら江戸前鮨

いよいよ〝マグロの最高峰〟を食べに行こう。それは、どこで食べられるのか？

まず、私は、マグロは鮨にして食べるのが一番旨いと思っている。もちろん、いいマグロの刺身は文句なしに旨いし、ほかにも、例えばマグロの大トロに小麦粉とパン粉をつけ、そのまま豪快にフライにした「トロカツ」は、一品料理としてはインパクトもあって悪くない。事実、このトロカツをワサビと塩で提供している和食の有名店もある。けれども、こうしたマグロの創作料理は、旨いが決して、人生観を変えるような体験にはつながらない。やはり、マグロの旨さを構成する「色」「香り」「食感」「値段」という四つの要素を堪能するには「鮨」以上のものはないと思っている。

また、鮨の中でも、江戸前で使われるような酢の酸味の利いたシャリでなければ、マグロ本来の旨味は引き出せない。九州などの、酢に砂糖を加えた甘いシャリ酢とマグロは明らかに合わないのだ。九州にマグロを食べる習慣がなかったのは、この甘いシャリのせいだったと私は思っている。

先にも触れた通り、かつてマグロは保存が難しく、その消費地は地元が中心だった。また、江戸にはマグロを避ける文化があった。しかし同時に、火を通したり締めたりして食材にひと手間加える江戸の鮨の中で、醬油に漬け込んだ「づけ」も食べられていた。酢の酸味が利いたシャリに、ひと手間かけた鮨種を合わせる江戸前鮨こそ、マグロという魚を本当の意味でおいしく食べさせるための文化なのだ。

ただ、ここで悩ましいのが、昨今、江戸前鮨が超のつくほど高価になっていることだ。ミシュランの三つ星店に限らず、グルメサイトで上位を占めている店の平均客単価は、三万五千円から四万円。中には五万円という店もある。三十年前、繁華街で食べる鮨は確かに高かったが、それでも平均単価は一万五千円から二万円がせいぜいだった。それがこの四半世紀の間にあれよあれよと値上がりし、今では本当の意味で手の届かない代物になってしまったのだ。

また、ずいぶん前から予約しないと食べられないというのも、こうした超高級鮨店の敷居をさらに高くしている要因だ。中には一年待ちが当たり前という店もある。

どんなに旨いマグロを使っていたとしても、一回の食事代が一人あたり四万円、五万円となると、普通の人は行けない。ここでは、普段使いとまでは言えないものの、季節ごとに通える価格帯の店を中心に、マグロが旨い店と、その店がなぜ旨いのかについて紹介していこう。

㐂寿司の「江戸前の仕事」

ガラガラーーッ。

㐂寿司の外観。かつて芳町と呼ばれた付近にある（写真：岡本寿）

屋号が染め抜かれた真新《まっさら》な暖簾をくぐり、曇り硝子の引き戸を開け中に入ると、まるで一昔前の東京の下町にタイム・トリップしたような別世界が出現する。どっしりとした風格のある古い日本家屋。磨き上げられた、檜《ひのき》の一枚板のカウンター。昔ながらのガラス製のネタケース。つけ台の正面には、季節の鮨種が書かれた木札が掲げられている。こんな風情ある鮨屋を東京で見かけることはもうない――。

――いらっしゃいませ、お待ちしておりました。お茶になさいますか。それとも、お酒になさいますか……。

日本橋人形町「㐂寿司《きずし》」。四代目主人、油井《ゆい》一浩《かずひろ》の溌剌《はつらつ》とした声に迎えられる。つい昼から「お酒……」と口を滑らせてしまうのも、この店の醸す風情あればこそ。嬉しいのは、正統な江戸前の仕事を施された鮨種が、今すぐにでも食べてくれと言わんばかりに整然と、全て客のほうを向いてガラスケースに並んでいることだ。食指が動かぬはずがない。

㐂寿司の創業は明治後期にまでさかのぼる。当初、店は東京・柳橋《やなぎばし》（現在の東日本橋）にあった。初代の名前は油井㐂太郎《きたろう》。その名前の一文字をとって屋号を㐂寿司とした。㐂太郎は、江戸前鮨の開祖と呼ばれる華屋与兵衛が開いた「与兵衛鮨」で修業した人物。この㐂太郎のもとで修業し、柳橋と並び称される色街であり「元吉原」と呼ばれていた日本橋芳町《よしちょう》で鮨屋を始めたのが、油井一浩の祖父だった。江戸以来の歴史あるこの街の名前は一九七七年の町名改正で「日本橋人形町《にんぎょうちょう》」となる。これをきっかけに多くの芸妓や料亭が表通りから姿を消したが、㐂寿司の暖簾は四代にわたって守られ、現在に至る。

㐂寿司の真骨頂は、代々受け継いできた伝統の江戸前鮨の仕事だ。その真髄は、実際に鮨を握り、客をもてなす時間よりも、客のいない仕込みの時間に集約されている。第三章でも述べた通り江戸前の仕事とは、江戸湾で獲れた新鮮な魚介をただ切りっぱなしで使うのではなく、敢えて塩や酢で「締める」、熱を加えて「蒸す」「煮る」、醤油に「漬ける」などのひと手間を施すことで、魚の生臭さを払拭し、食材を長持ちさせる技術と言ってよい。

これらの仕事は、冷蔵技術や保存技術、輸送手段に恵まれていなかった江戸時代、当時の職人たちが必要に迫られて考案したものだ。それ故に、時代の変遷の中で鮨屋から姿を消してしまった仕事も数多くある。

その一つが「オボロ」。皮を剝いて茹でた芝エビを当たり鉢（すり鉢）にかける。これを大鍋に移し、砂糖、味醂、塩を加えて火にかけ、しっとりとした程よい状態になるまで煎り上げて、紅粉《べにこ》で淡いピンク色に仕上げる。㐂寿司では小肌や車海老を握る時に、シャリとネタの間にわさびと共にこれを嚙ませる。油井一浩は言う。オボロは和菓子のようにしっかり甘くなければ江戸前ではない、と。

「江戸時代、オボロには酢の酸味を和らげるのと魚の旨味を補う役割がありました。今のようにネタの種類が豊富ではなかった時代には、華やかさを演出する効果もあったと思います。芝エビが手に入らない時にはタイやヒラメ、タチウオなどの白身魚で代用することもありました」

マグロなど主役級のネタと比べるとオボロは脇役。言わば黒衣《くろこ》なのだが、油井は、そのためだけに高価な芝エビや白身魚を惜しげもなく使う。見えないところに金と手間ひまをかける。江戸っ子の〝粋〟と〝意気〟はここに健在だ。

江戸前の仕事には「ツメ」もある。㐂寿司では冬場から春先にしか登場しない煮蛤《はまぐり》。蛤そのものにも「煮る」というひと手間が施されているが、煮切り醤油代わりに塗る甘く濃厚なツメにこそ正統な江戸前の仕事が息づく。私はそれまで何気なく穴子や煮蛸にも使われるツメを味わっていたが、㐂寿司のツメの製法を知って、改めて目からウロコが落ちる思いがした。

鰻屋の「タレ」、蕎麦屋の「かえし」よろしく、鮨屋のツメも一朝一夕には作れない代物であろうことは想像がつく。しかし、ただ甘いだけではない、奥深い味わいを支える旨味の正体は何なのか。

ツメを作るのは二、三カ月に一回。使うのは、日々の仕込みで余るアナゴの頭と骨だ。

「とっておいたアナゴの頭と骨を下茹でし、ぬめりを取ります。そのあと大鍋に移し、昆布とかつお節を加えて三時間炊きます。これを濾《こ》して、大根と人参、砂糖と醤油を加えてさらに炊き上げます。一昼夜冷ましたものを今度はコトコトと半日、名前の通り煮詰めて、自然なとろみがつけば完成です」

油井はサラリと言ってのけるが、実際には大鍋で一回に五百匹分のアナゴの粗を炊いており、出来上がったツメはわずか五合程度なので、煮詰める作業にどれだけの手間ひまがかかっているのか察するに余り有る。オボロもそうなのだが、こうしたものはある程度の量を一度に作らなければ味にムラができてしまう。オボロも一度に二十キロの芝エビを使い、職人がつきっきりで二時間かけて仕込む。

芝エビのすり身を加えて作る玉子焼きには、一度に五十個の玉子を使用する。鉄製の玉子焼き器で一枚焼くのに三十分。下ごしらえも入れると、ゆうに二時間はかかる。年末には百五十枚の注文が殺到するというから驚くばかりだ。

考えてみると、江戸時代の職人は、最高の食材が手に入らないからこそ仕事に創意工夫を凝らした。現在では最高の食材も容易に手に入るため、敢えて職人が仕事をする必要はなくなったとも言える。油井のように、昼夜問わず店を開けながら休む間もなく体を動かし、気力をすり減らしながら仕事に向き合うような職人は少ない。一人前に玉子を焼くまでに十年。慣れるということはないらしい。小肌、小鯛、煮蛤、煮穴子、玉子焼きなど、ひと手間をかけた鮨はどれを食べても旨い。

㐂寿司の大黒柱・マグロ

油井が店の大黒柱と呼ぶのがマグロである。一年を通じて絶対に切らすことはない。これは創業時からの流儀だという。油井に、マグロはいつが旨いか聞いてみた。

「マグロの旬は何と言っても晩秋から真冬です。具体的に言うと十月後半から一月下旬まで。この時期の特に津軽海峡の魚であれば外れることはまずないと思います。この時期のマグロは絹のようなキメ細かい脂が乗っていて、口の中に入れるとしっとりとしていて、融けるような感覚が味わえます。魚の香りもありますから、この時期のマグロで、まずはマグロの旨さを知ってほしいと思います」

油井のこの意見に私も賛成だ。まずは旬の本当に旨いマグロを食べて、その味を舌に刻み込んでほしい。これまで述べてきた通り、大間に代表される津軽海峡のマグロは、スルメイカを食べて丸々と肥える。とくにスルメイカのワタが、マグロの良質な脂を作ると言われている。この時期であれば大間でなくとも、津軽海峡の日本海側の入り口の三厩や、大間の対岸にある戸井などで水揚げされた魚であれば、まず間違いはない。

その正反対が真夏だ。夏のマグロはかつて「猫またぎ」と言われた。猫もそっぽを向くほどまずいということだ。確かに夏のマグロは脂が乗っていないので、身そのものの食感も冬場に比べるとイマイチだ。私はかつて、夏場にマグロ漁船に乗せてもらったことがある。漁師によれば、夏のマグロの血は「サラリ」としているが、真冬は「ドロリ」としているという。マグロは夏場はスルメイカではなくトビウオなど青魚を食べているが、その餌そのものに脂が乗っていないので、必然的にマグロの脂の乗りも少なくなるのだ。また、気温が高い夏場は、釣り上げた後のマグロの処理にも影響が出る。ただでさえ「足が早い」マグロにとって、夏は鬼門なのだ。

油井一浩の師匠であり、二〇一八年に亡くなった先代の油井隆一《りゅういち》は、気に入ったマグロが入った日は誰の目にも上機嫌だったそうだ。

「今日は大間の二百キロ。握ってると手に吸い付いてくるみたいで最高だね」

こんな日は客あしらいまで違った。ここぞとばかりにのっけからマグロが登場する。四の五の言わずに食べてみてよ、絶対に旨いから——。先代はマグロを褒められると子どものようにはにかんでみせたそうだ。

逆に、満足のゆく品物がない夏場などは、会話にマグロの「マ」の字も登場しない。こんな日は、こちらから声をかけないとマグロにありつくことはできなかった。先代は、納得できないけれども必要に駆られてやらざるを得ない仕事を「逃げる仕事」と呼んで遠ざけていた。夏のマグロはその最たるものだった。それでもマグロを切らすことはなかった。マグロがなければ鮨屋ではないとの思いが強かったのだと、油井一浩は回想する。

とはいえ、夏のマグロにだって「これは！」と目を見張るような旨さのものもある。また、例えば春、新潟・佐渡あたりでとれたマグロは、脂よりも「香り」を重視する人にとっては最高だったりする。とくに食べた後の余韻。濃厚で力強い冬場の魚よりも、この爽やかで淡い魚を好む人もいる。つまり、マグロは冬場が旬であることに間違いはないが、それ以外の季節も、その季節なりの味がする。養殖の魚になると、こうした季節による変化は味わうことができない。この変化を楽しむことができるのも天然魚の魅力の一つだ。

油井は、どんなマグロを持っているかで鮨屋の格は決まると語る。

「生のまま、切ったままを提供するマグロは、酢と塩で締める、煮汁に漬けるなど、仕事を施すほかの鮨種以上に真剣勝負。だからこそ、その日いちばんの品物を自分の目で見て、確かめて買うようにしています」（口絵写真）

生の高品質のマグロを求めるからこそ、よほどのことがない限り、赤身を煮切り醤油に漬け込んで握る「ヅケ」はやらない。

「秋から冬にかけては津軽海峡、春から夏にかけては壱岐や佐渡、紀州勝浦、銚子などの産地を使い分けます。産地を優先するわけではない。漁法によって、釣りか縄かでも魚の品質や色持ちが変わりますし、魚体の大きさによっても身質が違う。ただ、こればかりは、私は直に選ぶことはできませんので、その時々でプロの仲買人の目利きが選ぶ、最良質の魚を仕入れることを心がけています」

鮨屋での作法

さて、実際に鮨屋の暖簾をくぐる時のことを考えてみよう。鮨屋の敷居が高く感じられるのは、マグロ以前に、鮨屋での立ち居振る舞いが分からないからではないか。そもそも、注文の仕方が分かるようで分からない。カウンターに座るなり「おまかせでよろしいですか?」と聞かれると、分かっていなくても「はい」と言ってしまう。そこで鮨屋での注文方法について説明しておこう。鮨屋には大きく分けると三つの注文の仕方がある。

○お決まり

あらかじめメニューにある金額を見て、五千円なら五千円と値段で注文する方法。店はその値段の中で、旬の鮨種をやりくりしてくれる。

○おまかせ

店の主人に、好き嫌いだけを伝えて、あとは予算も含めて全てをまかせる注文方法。その日一番の食材にありつくことができる。

○お好み

好きな鮨種を、好きな順序で、自由に注文する。

初めての客にとっては、「お決まり」より「おまかせ」、「おまかせ」より「お好み」のほうがハードルは高くなる。ただ、かつては初めての客に「おまかせ」という選択肢はなかった。「おまかせ」は客に最高のご馳走を提供するための方法であり、カウンターを隔てて主人（職人）と客が直接向き合う「さらしの商売」では、両者の思惑が一致しないと本当の意味でのご馳走にめぐり会うことはできないからだ。

客を自分に置き換えてみるとよく分かる。例えば酒を飲みたい人は、鮨の前に刺身や気の利いたツマミで一杯やりたいだろう。逆に、鮨が目的で来ているのにツマミばかり出されたら、それだけでお腹がいっぱいになってしまう。

主人が気にするのは、この食事は接待なのかプライベートなのか、食べ物の好き嫌いはあるか、予算はどの程度なのか、である。こうした情報を事前に得ていない場合、主人はカウンター越しの会話から客の意図を読み取り、対応しなければならない。とくに客の好き嫌いに関しては、ある程度、事前に把握していなければ、複数の食材がNGだった場合に挽回することができなくなる。

だから、予約が必要な鮨屋に初めて行く時は、ある程度の情報をあらかじめ伝えておくのがいい。とくに、紹介者がいる場合は「誰の紹介なのか」を伝えておくことが重要だ。予約の段階で店側とこうしたやりとりをするのが面倒という人も多いと思うが、年に数回のハレの日と思って、そこは万全を尽くしておくことをお勧めしておく。

もう一つ。本論から逸れてしまうが、予約サイトで同じ日に複数の店を予約し、直前になってキャンセルする行為は本当にやめてほしい。準備した高価な食材が台無しになり、店側に多大な負担を強いてしまうからだ。当然のことだが、余りにも同様のトラブルを耳にするので念のためお伝えしておきたい。

私の場合、初めて訪問する店では「お決まり」で注文することが多い。とくに昼営業をしている場合、夜は「おまかせ」だけという店でも、昼はその半分程度の価格で「お決まり」を提供していることがある。まず、この昼の「お決まり」を食べて、自分と店との相性を見極めるといいだろう。

背ナカをどう握るか

さて、マグロは「赤身」や「中トロ」「大トロ」だけではない。それ以外にどんな部位があるのだろうか。

㐂寿司が仕入れるマグロは、最高級のマグロの「背ナカ」のど真ん中だ。およそ五キロから十キロの塊を、三日から五日に一回、あの「石司」から仕入れる。しかし、一口に赤身と言っても、実際にはさらに細かい部位に分けられている（図参照）。

大トロほどではないが、よく脂の乗った「中トロ」、血合いぎわの味も香りも濃い「血合いぎし」、柔らかく、赤身のトロと呼ばれる「ヒレ下」、ほとんど筋がなく絶妙な食感の「天《てん》端《ば》」など。㐂寿司では、店に入ってくるなり好みの部位を指定して注文する常連客もいるという。油井は言う。

「マグロにもお客様の好みがあります。それこそ熟成を好む方もいますし、細かい部位を指定して、そればかり数貫食べる方もいます」

部位によって味や食感が違うマグロだから、当然、部位によって切りつけ方、握り方も変える。例えば、味が濃い血合いぎしはやや分厚く、「鞍掛け」と呼ばれる手法で（口絵写真）。また、ヒレ下は薄く削ぐように切りつけたマグロの身でシャリをくるむように握る。いずれも、頬張るとマグロの香りが鼻にプンッと抜けて、口の中でシャリと一体になって消えてゆく。忘れてはいけないのが鉄火巻き。鉄火の芯は、握りでも使う赤身だ。

マグロが入るだけで出前用の盛り込みはうんと華やかになる。数ある鮨種の中でも、食べ手の胃袋を本当に鷲掴みにできるのはマグロだけだ。旬は一月いっぱいだが、結局、どの季節でも恋しくなって注文してしまう。やはり、手間ひまを惜しまない江戸前の鮨種の中で、切って握るだけのマグロは特別なのだ。暖簾をくぐるなり「今日はいいマグロあるかい？」と尋ねる常連の気持ちもよく分かるというものだ。

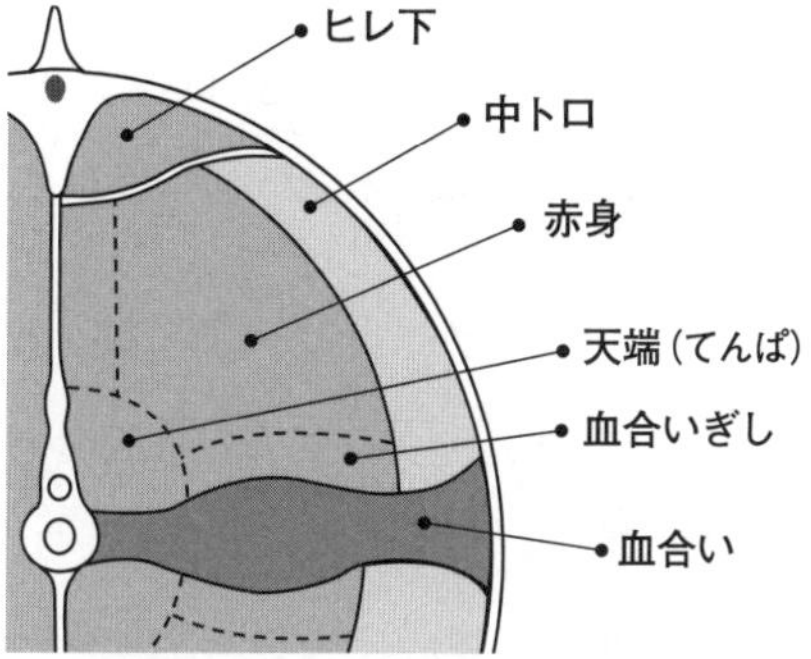

断面図で見る背ナカの部位名。㐂寿司では背ナカのうち、血合いぎし、ヒレ下、天端などの部位を様々な仕方で握る

「腹カミの一番」を握る寿司金

一方、本マグロの「腹カミ」に代表されるトロ

の部分を食べるのであれば、東京・四谷荒木町にある「日本橋　寿司金」をお勧めする。二〇一九年、御年八十三になる秋山弘と、息子の秋山勝弘が並んで鮨を握る。主人の秋山弘は十六歳の時に、日本橋にあった老舗・寿司金に奉公に入り、江戸前鮨の名人として名を馳せた鈴木守親方のもとで江戸前鮨の真髄を学び、名店の名前を継いで、一九七一年に四谷荒木町に自身の店を構えた。

秋山はとにかく、マグロの話を始めると止まらない。とくにこだわりを持つのが、やはり石司で仕入れる腹カミの一番。誰もが思わず身を乗り出して見とれてしまう大トロが自慢だ。秋山は、江戸前鮨の世界にマグロの「希少部位」を根付かせた人として知られている。その代名詞となったのが「カマトロ」だ。これは、マグロの胸ビレの脇にある特別な大トロで、その薄ピンク色の身の美しさは、まさに和牛の霜降り肉を思わせる（口絵写真）。

秋山は東京の現役の鮨職人の中では最高齢に近い。その生き様そのものが、マグロと江戸前鮨の歴史でもある。いつから東京の鮨屋でマグロを握っていたか聞いてみると、こんな答えが返ってきた。

「師匠の鈴木親方が、日比谷の歴史ある建物で鮨を握る機会があったんです。そのとき、外の様子がどうもおかしい。窓から様子を窺うと、陸軍の青年将校がクーデターを起こしたと。世に言う二・二六事件ですよ。その時にはもう、マグロの中トロを握っていました」

　先述したが、そもそもトロが高級部位として一部でもてはやされるようになったのは、時代が昭和に入ってからだと言われている。二・二六事件が一九三六（昭和十一）年なので、「アブ」を握ったという日本橋の吉野鮨の先々代の証言とも一致する。脂の塊で、赤身のように「ヅケ」にして保存ができなかったトロは、もっぱら、鮨屋の若い衆のまかないのおかずだったそうだ。とくに真冬、一段と脂が乗ったトロと、甘みのある千住葱で作る「ねぎま鍋」は絶品だった。

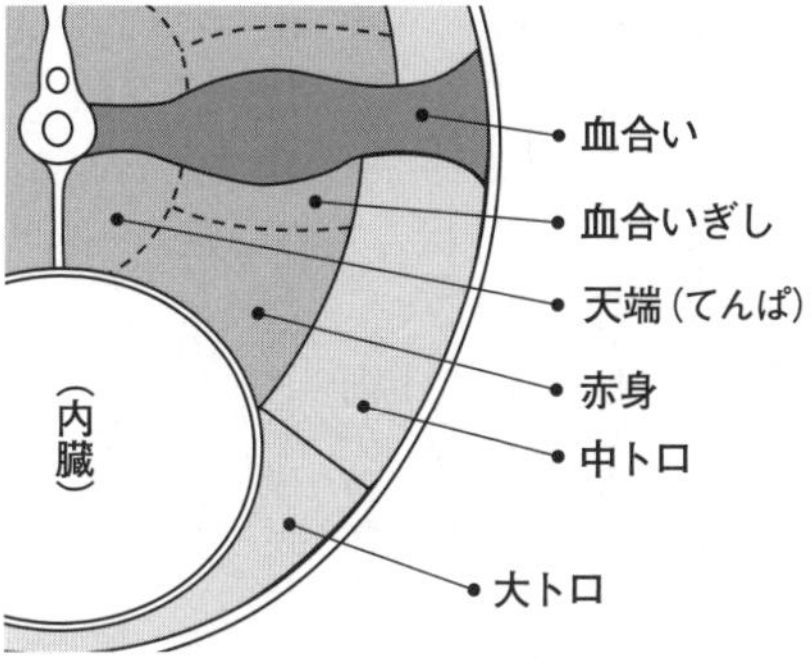

断面図で見る腹カミの部位名。寿司金で特に評判なのは大トロや中トロ、腹カミより頭部に近いカマトロだ

「ねぎま鍋にはトロだけでなく赤身も入れるんです。トロの部分は上品な脂ですが、赤身が入ることでマグロの香りが加わる。トロなんてものは昔は〝家庭の味〟で、マグロ屋さんがタダでくれたものですよ」

　秋山の話で印象的だったのは、これまでの鮨屋人生の中で最も旨かったマグロのことだ。出会ったのは昭和五十年代（一九七五—八四年）で、秋山が荒木町に店を出してすぐのことだった。当時はまだ「大間」などの産地名は全く浸透していなかった。ただ、ある時マグロ屋が持っていけと差し出したのが、皮目は白っぽい、しかし一目でこれはいいマグロだと分かる、惚れ惚れするほどの満足な魚体だった。店に戻ってトロの部分を味見すると、絹のように滑らかで、きめ細かい食感だった。

「これ、どこのマグロだって聞いたら、北海道の余市《よいち》だって言うんです。余市といえば積丹《しゃこたん》半島の付け根ですよ。今ではマグロが釣れるなんて聞いたことがありません。日本列島に沿って北上してきたマグロは津軽海峡に入ってしまうんです。昔は津軽海峡に入らず、そのまま北海道近海を北上していたということ。奥尻島の地震（一九九三年の北海道南西沖地震）があって以降、津軽海峡よりも北でマグロがとれなくなったんです。地震で海底の地形が変化し、海流の流れが変わったという人もいます」

そんな話を聞きながら食べる大トロは絶品なのである。

私にも忘れられない鮨があった。それは、一通り鮨を食べたあと、最後の最後で秋山が、まるで子どものような表情をして、私に握ってくれた大トロだった。その鮨にはわさびが入っていなかったのだ。

「鮨にはわさび、って思っていますが、本当に旨いマグロはわさびを入れずにシャリと頬張ったほうが旨いと思っているんです。マグロの香りを、これでもかと味わうことができますよ」

最高のマグロの大トロとシャリ、これだけを頬張る。トロの脂と煮切り醤油、そして白米の甘さが渾然一体となって、クラクラするような、忘れられない味だった。

三千円で鮨を食わせてもらう

今から二十年前、まだ駆け出しのライターだった頃、東京・銀座の鮨屋を片っ端から食べて回るという僥倖を得たことがあった。これを私に命じたのは、私が憧れていた雑誌の編集長。ある日編集部に行くと、その編集長が私に三千円を渡し、こう言うのだった。

「これで銀座に行って鮨を食ってこい」

当時、私は九州から上京したばかりの若造だった。鮨といえば回転しているものしか食べたことがない。そんな若造でも、銀座で鮨を食べることの意味くらいは知っていた。銀座は東京の中でも、独特の階層意識や秩序によって洗練された大人の社交場、ハレの日の街だった。今日のようにインターネットで簡単に店の情報が手に入る時代ではない。自分のような若造が気安く立ち入り、しかも食事をするというのは無謀であり、いささか勇気を必要とした。しかもたったの「三千円」でという条件があるのだ。

けれども憧れの雑誌の編集長の言いつけなので仕方がない。私はアルバイトをして誂えた真新しい一張羅を着て銀座に出かけた。今でも銀座の鮨屋の門前は、ある種の緊張感を漂わせている。私は目当ての店の前で行ったり来たりを繰り返した。その場から逃げ出したくなる衝動をこらえ、覚悟を決めて暖簾をくぐった。次の瞬間だった。

「うちは飛び込みはやってないよ」

けんもほろろに入店を断られた。次の店も、また次の店も。初日はことごとく〝撃沈〟だった。このことを報告すると編集長は笑いながら、銀座のルールを教えてくれた。当時の銀座はたいてい午後五時から暖簾がかかる。開店してから間もないこの時間帯を「口開け」と言って、初めての人はその時間帯を狙うといいというのだ。また、入店して席に通される前に、「三千円で握ってもらえますか？」と一声、従業員に声をかけるのもコツだと教わった。

翌日、早速その教えを実行した。すると、最初の店こそ断られたが、前日とは対照的に、二軒目であっさり鮨にありつくことができた。かくして私は銀座デビューを果たすのだが、極度の緊張から、何を食べたのか、店はどんな雰囲気だったのか。店を預かる職人はどんな風体だったのかなどを、ほとんど覚えていなかった。ただ、出てきたのが握り鮨七貫と巻物が半切れだったことが記憶にあった。

すぐさま編集長に報告すると、よくやったなと褒めてくれて、また三千円くれたのだった。こうして私は、時間を見つけては、三千円を握りしめて銀座の鮨屋をめぐった。そして、十軒ほど通わせてもらったある日、その編集長が私にこう言うのだ。

「自分が食べて、本当においしいな、と思った店はあったか?」

私は迷わず、ある一軒の名前を挙げた。鮨屋をめぐる中で、私はあることに気がついた。それは、三千円でお願いした場合、大体どの店も「握りが六、七貫と巻物」が出てきた。鮨種の内訳はいずれも「ひらめ」「イカ」「アジ」「マグロ」「穴子」と「干瓢《かんぴょう》巻き」か「鉄火巻き」だった。

中でもマグロは店によって全く味わいが異なった。濃い赤色の赤身もあれば、薄いピンク色をした中トロもあった。パサパサした身もあれば、しっとりと舌に吸い付くようなものもあった。そして何より驚いたのが、同じマグロでもシャリの加減によって食べた時の印象が大きく変わることだった。

そもそもシャリの味わいは店によって千差万別で、塩味がきついものもあれば、さっぱりとしていてマイルドなものもある。中にはほんのり甘いシャリもあった。ご飯の炊き加減も、芯が残る程度に硬いものもあれば、柔らかいけど輪郭のある、優しいシャリもある。食べ比べてみて初めて分かることだが、マグロには、ある程度酢の酸味があって硬質感の残るシャリが合うのだ。

しかし、最大の発見はマグロとは別のところにあった。それは「旨い店」と「いい店」は必ずしも一致しないという、今となっては当たり前の事実だ。例えば、主人が横柄だったりすると、どんなに旨い鮨を出されても、自分にとってのいい店とは言い難くなる。つまり、自分にとってのいい店と、他人にとってのいい店は違うのである。私は仕事柄、「どの店が旨いですか？」という質問をよく受ける。その時、私は聞き返す。

「旨い店ですか？　それとも、いい店ですか？」

もちろん、旨い店の中から自分にとってのいい店が見つかるのだが、結論から言えば、そうした店は自分の足を使って探すしかない。例えば、ミシュランの三つ星店だとか、頻繁に料理雑誌に取り上げられている店は、確かに旨いだろう。ただ、それが自分にとってのいい店であるかどうかは別の話だ。

〝情報を食べに行く〟のではなく、自分の五感を使って「いい店」を探す。その点、鮨寿司はいい。昼であれば三千五百円から「お決まり」がある。初めての人はこれを注文するに限る。

「時価」の舞台裏

この「三千円食べ歩き修業」の中でもう一つ発見したことがある。それは「時価」という考え方についてだ。この修業の途中、その編集長が私にもう一つ課題を出したことがあった。それは、三千円のお決まりを食べたあと、一貫だけマグロの「中トロ」を追加注文することだった。

いわゆる値段表がない鮨屋では、マグロに限らず、一貫の鮨はいくらするかが曖昧だ。だからこそすしざんまいは、全ての鮨種が一貫あたりいくらなのかを明確にし、明朗会計にしたことで人気を博した。

中トロは脂と赤身のバランスが良く、誰が食べても食べやすい部位だ。この中トロを一貫だけ、お決まりのあとに追加する。こうすることで、中トロ一貫あたりの値段を割り出すことができる。結論から言うと、値段は一貫五百円から二千五百円と様々だった。

不思議なことに、同じ店でも日によって値段が五百円以上違うことがあった。この頃から、自分には「行きつけ」の店ができた。味はもちろん居心地もいい。主人は分け隔てすることなく、誰にでも丁寧に平等に接してくれる。そんな主人にマグロの値段の違いについて尋ねてみたことがあった。

「同じ中トロでも、例えば巻き網で獲った色変わりの早い魚は、多少こちらが損をしてでも、早くお客様に召し上がっていただきたい。逆に『これぞ』というマグロが入荷すれば、まずは顔なじみのお客様の顔が浮かぶので、誰にでも『はいどうぞ』とはいかないのが人情です。鮨屋でおいしいマグロを食べるコツは、顔なじみになることですよ。中トロとか赤身など歩留まりのいい部位であればともかく、赤身の中でも、背トロなどの希少部位は、予約帳を見ながら『この人に出そう』と決めています。ただ、注文があれば握らないといけない。その場合は、初めての人は少し割高になってしまいます。とにかく、マグロの値段は主人の胸三寸なんです」

また、海が荒れていて魚そのものが市場に少なく、普段では買わないようなレベルの魚でも「これしかない」と買わざるを得ないこともある。そういう日のマグロは高くなる。そうした魚の仕入れや人間関係をめぐる様々な事情があるからこそ、とくに本マグロは、通年でいくらとは決めることが難しいのだ。すしざんまいが通年同じ価格でマグロを出せるのは、天然ではなく蓄養のマグロだからだ。蓄養は出荷の調整ができるので「今日はありません」ということはない。

ただ、時価だからと言って、客にべらぼうな金額をふっかける主人がいないとは限らない。「あの店で食事をしたら法外な○○万円請求された」などの噂は、鮨屋に限らず飲食業界にはつきものだ。私はといえば、高級な酒ばかりを勧める鮨屋は基本的に信用していない。高い酒を飲むことが目的であるならば、何も鮨屋に行く必要はないのだ。

ただし、「トロ、トロ、トロ」と連続で注文すれば、それ相応の金額になることは、想像に難くないはずである。では、具体的に、最高峰のマグロの鮨は一貫、どれくらいの価格なのだろうか？

鮨の世界における「時価」に理由があるのは分かったとして、それでもやはり、マグロ一貫のおおよその値段は知っておきたいし、知ることはできるものだ。

一貫の値段を割り出す

まず、そもそも一匹のマグロから何貫の鮨が握れるのだろうか。

二百キロの魚をキロ単価一万円で購入した場合を想定して計算してみよう。まず、一匹のマグロの三割は売り物にならない粗（頭、中骨、皮）が占める。つまり、二百キロのマグロの場合、使えるのは正味百四十キロという計算になる。

鮨一貫に使うマグロはおよそ二十グラム（実際はこれより少ないが計算しやすいようにした）。すると次のような計算式が成り立つ。

百四十キロ（売り物になる部位）÷二十グラム（鮨一貫）＝七千貫

そのうち、トロが二割、赤身が八割を占める。つまり、トロが千四百貫、赤身が五千六百貫になるので、仮に赤身だけでマグロの原価である二百万円を稼ぐとすると二百万÷五千六百で一貫三百五十七円。トロだけで稼ぐなら一貫千四百二十九円となる。さらに、儲けを考えたらどうなるだろう。仮に二百万円で仕入れて倍の四百万円で売るとしよう。その場合、赤身で一貫七百十四円。トロで一貫二千八百五十七円でなければならない。

けれども、これはキロ単価が「一万円」の場合であり、これが仮に「二万円」になると、一貫あたりの値段も当然倍になる。赤身は一貫千四百二十九円、トロは一貫五千七百十四円。しかし客にこの値段を強いるのは、名店でも難しい。つまり、マグロで大儲けするのは限りなく難しいことなのだ。

結論として私は、客単価一万五千円以上の鮨屋の場合、赤身は一貫五百円、中トロは千円から千五百円、大トロは二千円から二千五百円というのが、「一貫の値段」の相場ではないかと考えている。

「それは生の本マグロか?」

食べ歩き修業をしていた頃、値段のほかに気になっていたことがもう一つある。それは、自分が食べているマグロが、本当に国産の生の本マグロなのか?ということだった。なぜならば、二〇〇〇年代に入り、マグロの冷凍・保存などの技術が飛躍的に向上し、流通にかかる時間にも二十年前とは雲泥の差が生じていたからだ。マグロの品質が全体的に底上げされているのは間違いなかった。

無論、マグロの仲買人や鮨屋の主人は、その魚体や身質を見れば、「それが生の本マグロかどうか」を瞬時に判断できる。しかしマグロを食べ慣れていない人には判別がつくものではない。食べ慣れていない人にとっては、同じ中トロでも、夏場の脂のない天然の生の本マグロよりも、蓄養の本マグロのほうがおいしいかもしれない。

しかし第二章でも触れた通り、マグロの世界には、国産の生の本マグロを頂点とした、れっきとしたヒエラルキーがある。それは価格にも歴然と現れる。

それを裏付けるデータを紹介しよう。これは、第二章でも掲げた二〇一九年十一月十四日の販売結果である。これを見ると、いかに国産本マグロが希少で高価な魚なのか分かるだろう。

実は、これらのデータは、大まかな抜粋なら大手新聞紙面から、概要なら東京都中央卸売市場のウェブサイト（日報）からいつでも確認することができる。

この日、豊洲市場に並んだマグロは「生」と「冷凍」合わせて三十九トン。生と冷凍の比はちょうど二：一となる。この生のマグロには「天然の本マグロ」「ジャンボ（海外から空輸された生の本マグロ）」「蓄養の本マグロ」「養殖の本マグロ」が混在している。競りの値段は「高値・中値・安値」に分類されている。最も高い価格が高値、平均値が中値、最も安い価格が安値である。

この日の最高値は一万六千五百円、最安値が千八百円。同じマグロでも最高値と最安値の差は一キロあたり一万四千七百円もあるのだ。つまり、仮にいずれも百キロのマグロだった場合、前者は百四十七万円、後者は十八万円となる。ちなみに国産の生の本マグロは、別情報によれば天然が五十六本、養殖が十九本だった。この日出品された生のマグロ

豊洲市場での水産物販売結果

大分類	品名	販売方法	卸売数量(kg)	産地	銘柄	高値(円)	中値(円)	安値(円)
大物	まぐろ(生鮮)	せり・入札	25,882(112本)	青森	—	16,500	3,774	2,500
				各地	—	15,500	—	3,300
				海外	—	5,500	—	2,300
	まぐろ(冷凍)	せり・入札	13,247	各地海外込	—	5,000	2,895	1,800
	めばち(生鮮)	せり・入札	7,677	各地	—	3,500	—	1,000
				宮城	—	2,800	1,864	1,300
				海外	—	4,500	—	1,300
	めばち(冷凍)	せり・入札	59,318	各地海外込	—	2,500	946	550
	いんど(冷凍)	せり・入札	17,268	各地海外込	—	4,400	1,708	700
鮮魚	ぶり・わらさ	相対	60,005	各地	ブリ	1,300	1,150	300
	まだい	相対	24,399	各地	—	1,500	—	500
	ひらめ	相対	3,020	各地海外込	—	2,200	—	800
	あじ	相対	35,564	石川	中	700	650	600
				各地	中	1,200	—	600
	さんま	相対	60,588	北海・三陸	生	1,500	450	400
	こはだ	相対	2,093	各地	—	1,200	—	800

(抜粋、2019年11月14日分、出典：東京都中央卸売市場日報)

類（メバチマグロやキハダマグロを含む）の合計は二百四十本だったというから、国産・天然の本マグロはその二十三パーセントにあたる。さらに言えば、中値が八千円を超えたものはすべて北海道か青森産の百キロ超えのもので、その数は十二本に止まっている。

この現実を目の当たりにすると不安になることがある。それは、国産本マグロをめぐる需要と供給のバランスについてだ。

ここに、東京都にある鮨屋の店舗数を示したデータがある。東京都が発行している「食品衛生関係事業報告（平成二十九年版）」だ。現在、東京都には四千五百六十軒の鮨屋があるという。この数字を区単位で見ると、最も鮨屋が集中しているのが銀座・日本橋のある中央区で四百四十七軒。次が赤坂・西麻布・六本木のある港区で三百九十一軒。その次が新宿・四谷三丁目のある新宿区で二百三十二軒となる。

こうした、東京を代表する繁華街で暖簾を掲げる店の大半が、客単価一万五千円以上の高級店である。私は日本の最高峰のマグロを出す店を判断する基準として、「食事代一万五千円以上」を目安にしている。先述した㐂寿司もこの部類に入る。もちろん、この数字には東京の他の地域をはじめ、大阪、京都、名古屋、福岡などの店は入っていない。そう考えると、需要に対して圧倒的に供給が足りない実態が浮かび上がってくるのだ。

天然が安売りされている理由

マグロが絶滅危惧種——そんな話題を耳にしたことのある人もいるだろう。本書で紹介してきた太平洋クロマグロは、二〇一四年、国際自然保護連合（IUCN）から「絶滅危惧種」に指定されている。実はマグロの資源量は過去最低水準にまで落ち込んでいて、復活の兆しは見えていないと言ってよい。しかも、国別漁獲量を見ると日本が世界全体の六割を占めているという。

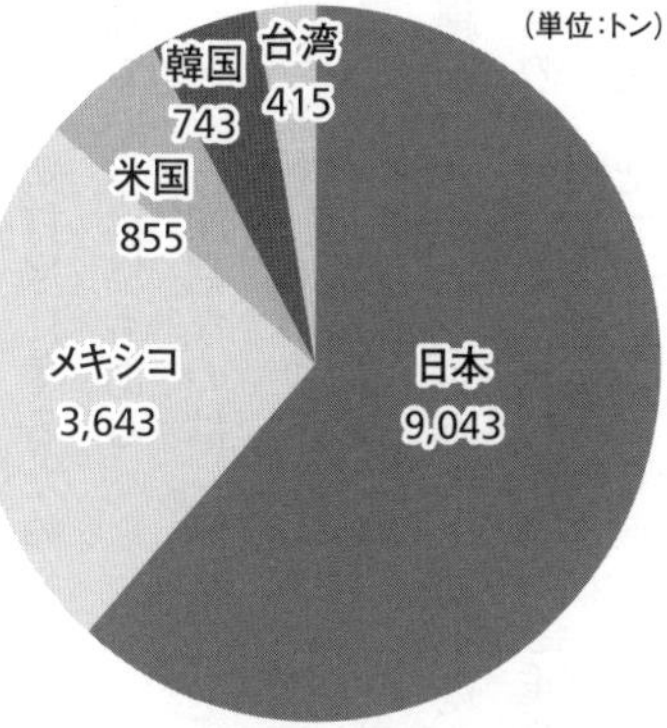

太平洋クロマグロの国別漁獲状況（2017年）
（出典：水産庁「太平洋クロマグロの資源管理について」平成31年4月）

ここで二つの疑問がわく。そもそもなぜ減っているのか。そして、減っているにもかかわらず、なぜ有効な策が打てていないか、だ。最初の疑問については、多くの専門家が指摘しているように、巻き網漁業（正式名称は大中型まき網漁業）による乱獲が原因だと私は考えている。魚と漁師がテグスを介して一対一で対峙する釣りと違い、巻き網は、マグロをその大小にかかわらず数百、数千匹を群れごと一網打尽にするため、自然に与える負荷が大きい。このため海外では巻き網が禁止されている漁場もある。

とくに深刻なのは、毎年六、七月に鳥取・境港に水揚げされるマグロだ。巻き網は網を巻く「網船」のほかに、魚を運ぶ「運搬船」、水中で集魚灯を焚く「灯船」が一団を組んで操業する。一回の操業で水揚げされるマグロは百トン超にもなり、この数字は一本釣りと延縄を主体とした青森・大間漁港の一年間の水揚げ量に匹敵する。しかし、最大の問題は、この時期がマグロの産卵期と重なり、お腹にびっしりと卵を抱くマグロを獲ってしまっていることだ。

近年、梅雨の時期になると、生鮮食品を扱うスーパーでは、この鳥取・境港産の巻き網マグロが、「近海マグロ」「天然マグロ」の触れ込みで、一パック千円程度の廉価で大々的に販売されている。スーパーによってはパッケージに「今が旬」と目立つようにシールが貼られている場合もある。しかし、冗談ではない。海のダイヤの異名をとる国産本マグロが、その値段で大量に流通するはずがない。ここにはカラクリがある。

マグロは普段、数百匹単位で回遊しているが、産卵期にはいくつもの群れが、さらに巨大なマグロの「塊」となって海を移動する。マグロの産卵場は未だどこにあるか特定されていないが日本海の鳥取・境港や山口・萩で度々、マグロの産卵が目撃されている。

日本近海にやってくるマグロはフィリピン南方沖で生まれたと言われているが、日本海にも同様の産卵場があることが、最近の調査で判明しているのだ。マグロの産卵を目撃した漁師によると、それは、穏やかな夏の夕暮れの出来事だったという。

「船に乗っていると、どうも海面の様子がおかしく、海面が広範囲に白く濁っているんです。近づいていくと何千匹ものマグロが水面近くで、キラキラと腹を見せながら泳いでいました。どこまでも、どこまでも、マグロが海を塞ぐように群がっていて、まるで銀白色の海面の絨毯の上を船が走っているようでした」

この漁師は山口・萩の沖合でこれを目撃した。マグロの産卵は集団で行われる。メスが水面近くで体をよじらせて産卵し、そこに複数のオスが精子をかけるのだ。そのため、マグロの精子によって、海面が広範囲に白く濁るのだという。

この産卵直前のマグロを狙うのが巻き網漁船だ。産卵を目指すマグロは広範囲に点在するのではなく、一カ所に集まっているのだから、ソナーを使って見つけ出し、いとも簡単に巻き上げてしまう。

産地と漁法によるマグロの価格差（2018年6月5日。値はキロ単価・円）

産地	漁法	数量	残	高値	中値	安値
北海道	定置網	1	0	11,500	11,500	11,500
鳥取	巻き網	243	207	3,500	2,222	2,000

（出典：時事水産情報）

ここに、二〇一八年六月五日の築地市場の取引データがある。築地市場には巻き網で獲れた二百四十三本の境港産のマグロが入荷した。このうち最も高かったのはキロ三千五百円。最安値がキロ二千円だった。これは、同日、北海道の定置網で獲れたマグロ（キロ一万千五百円）のおよそ三分の一の安値である。この日はシーズン最初の入荷とあってご祝儀相場で、これでも高値がついたが、この翌週になると巻き網のものはキロ千五百円が平均となる。別の時期では、数百円の場合もある。

しかも見逃せないのが、この日の二百四十三本のうち、二百七本が値がつかず売れ残ったという現実だ。何百匹ものマグロが同じ網の中で暴れ、魚体がぶつかり、傷ついたマグロは、そもそも個体の品質が悪い上に水揚げされるまでの条件も一本釣りに比べると劣悪なのだ。当然、身にヤケを起こす魚も多いので、競り人も仲買人も料理人も敬遠する。

つまり、夏の巻き網で獲れた「抱卵魚」は品質が悪い上に競り値も安く、それでいて自然に与える負荷が大きいのだ。単価が安いからこそ、量を獲らないと採算が合わなくなる。全くの悪循環である。一匹のメスマグロが産む卵の数は千五百万個という。境港では「日本最大のマグロの水揚げ港」が町おこしのキャッチフレーズになっていて、地元の飲食店ではマグロは「夏の顔」と呼ばれている。

漁師たちのデモ行進

巻き網漁が批判されるもう一つの理由は、巻き網漁業者の中に大手水産会社「日本水産(ニッスイ)」と「マルハニチロ」の子会社が含まれているからだ。そもそも太平洋全域に生息するクロマグロは、国際的な枠組みで規制され、国ごとに漁業枠が配分されている。日本の漁業枠は年間四千八百八十二トン。しかし、本来であれば漁獲量の観点からも、資源への負荷が大きい巻き網が、まず規制の対象となるべきところ、巻き網とそれ以外(一本釣り・延縄・定置網)の沿岸漁業者で比べると、明らかに前者に有利な配分となっている。漁法に関係なく、前年度の水揚げ量から割り出した数字を根拠にしているのだ。この規制の配分を決定するのが水産庁だが、実は「全国まき網漁業協同組合」などの関連団体は、水産庁OBの天下り先としても知られている。

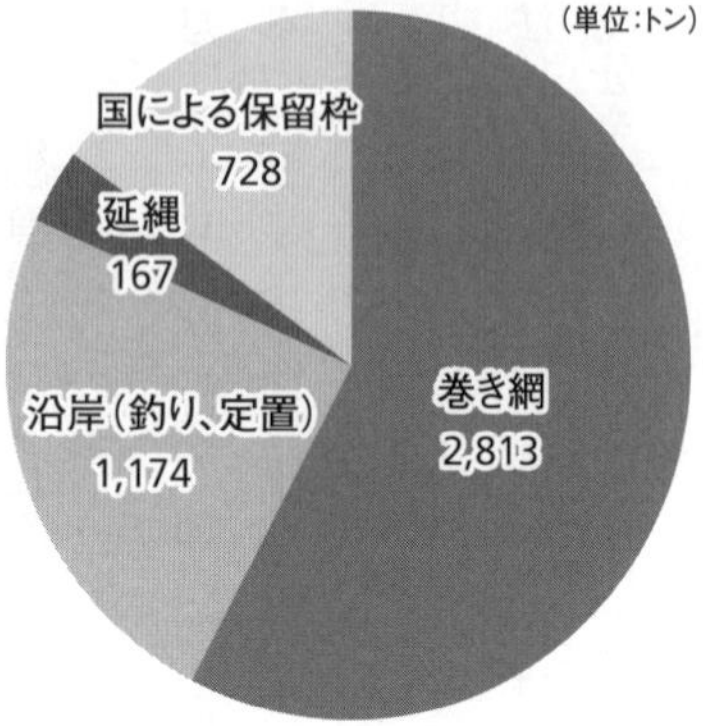

漁法ごとに割り当てられた漁獲量(2017年12月)
(出典:水産庁「太平洋クロマグロの資源管理について」平成30年3月19日)

全国の一本釣りや延縄などのマグロ漁師が憤ったのは、日本に割り当てられた漁獲枠四千八百八十二トンのうち、五十八パーセントにあたる二千八百十三トンが巻き網に割り当てられ、しかもその決定が、事前の相談もないまま一方的に行われたからだ。ちなみに一本釣りなどの「沿岸漁業」の漁獲枠は千百七十四トン。とくに打撃を受けたのが延縄漁で、全体のわずか三パーセントにあたる百六十七トンしか配分されなかった。こうして二〇一八年六月、青森の大間をはじめ、日本全国の沿岸漁業(一本釣り・延縄・定置網)に従事するマグロ漁師たちが東京で大規模なデモを行った。マグロ漁師が東京の目抜き通りをデモ行進するなど前代未聞である。

彼らはマグロの「規制」そのものに反対しているのではない。なぜならば全国のマグロ漁師自身が、マグロの漁獲が減っていることを痛感しているからだ。中には廃業したり、漁ではなく遊漁船の船頭をして生計を立てるようになった漁師もいる。彼らが求めているのは公正な漁獲枠の配分であり、将来のマグロ資源の増加だ。そのためには、せめて産卵期だけは数年間、マグロを全国的に禁漁にする措置も仕方がないと口を揃える。

大間と並び称される壱岐

全国のマグロの産地の中には、数年前に産卵期の漁の自主規制に踏み切った地域さえある。

九州と朝鮮半島を隔てる対馬海峡に浮かぶ離島、壱岐。この島は古くから漁業の島として栄えてきた。マグロ漁が盛んになったのは一九五五（昭和三十）年頃からだ。とくに島の北端にある人口およそ五千人の旧勝本町《かつもとちょう》（現壱岐市）は、壱岐最大のマグロの水揚げ基地だ。この勝本の浜には七十人ほどの漁師がいるが、中でも「会長」の呼び名で慕われ、過去に二回、三百キロを超える超大物を釣り上げた中村稔は、島のスーパースターと言っていい。中村は先祖代々の漁師の家に生まれた。父もマグロ漁師として、その名を馳せた人物である。勝本の一本釣りは、マグロが津軽海峡から姿を消す春から夏にかけて、対馬海峡にある「七里ヶ曽根」という周囲二十八キロの「瀬」で行われる。大陸棚が隆起したこの場所には、マグロの餌となるイワシやイカが大量発生するのだ。大間ではソナーでマグロの群れを発見すると、あとは、誰がどのタイミングで仕掛けを流すかは早い者勝ちだが、勝本では、潮流を計算し、誰もが七里ヶ曽根の上で釣れるように、仕掛けを投げ入れる順番が決められているなど、全ての漁師が平等になるように徹底したルールが敷かれている。

そして、何と言っても勝本の一本釣りの特徴は特注の竿とリールを使うことだ。こうした漁具を使えば百キロクラスのマグロであれば二十分もあれば十分に釣り上げることができる。しかし、食いついた獲物を中村は一気に釣り上げようとはしない。上下に揺れる船と竿の「タメ」を利用し二時間近くわざと魚を遊ばせる。そして、ジリジリと少しずつリールを巻き取っていく。言うまでもなく、マグロへの負荷を減らし、ヤケを防ぐための工夫だ。釣り上げたあとの血抜き、神経締め、氷を使った冷やし込みも抜かりはない。中村が中心となって確立したこの釣りの作法は、勝本のすべての漁師に徹底されている。

勝本の漁師たちのこうした取り組みは、数年を経て確実に成果を上げた。それまで、どんなに立派なマグロを競りに出しても一キロ当たり五千円程度だったものが、一キロ当たり四万五千円で取引されるようになったのだ。二〇一三年の暮れには二百八十六キロのマグロが千百万円で落札されるまでになった。こうして勝本は「東の大間、西の壱岐」と並び称されるようになり一目置かれる存在となる。

「一晩で自分が釣り上げた魚が数百万円、いや、それ以上に化ける。それもうれしかばってん、一番マグロを仕留めたら、壱岐、そして勝本の名前が全国に轟くでしょう。自分ひとりの儲けよりも、地域の名前が世に出ることのほうが何倍もうれしい。『勝本の一本釣り』のブランドは、地域のみんなで作り上げたのですから」

自主禁漁に踏み出す

しかし、そんな勝本がここ数年、マグロの水揚げがほぼゼロに近い状態に陥っている。マグロ漁師を一時的に辞めた者もいる。本当はマグロで生計を立てたい。しかし、理由は分からないが、マグロの魚影が消えたのだ。二〇一三年、中村は「壱岐市マグロ資源を考える会」を立ち上げ、マグロの減少の理由の調査と資源保護の取り組みについて全国に発信するようになる。そして中村が行き着いた結論も、やはり産卵期の巻き網だった。しかし、中村もすべての巻き網を完全に禁止にしろと言ってはいない。

「せめて産卵期の、卵を抱いたマグロだけは禁漁にせんば、マグロそのものが日本の海からいなくなる。そうなっては、勝本も大間も生きてゆけん」

海洋民族ともいえる日本人は、太古の昔から生活の糧を海に求めてきた。日本各地には七里ヶ曽根のような魚の「寄り場」があり、浜に暮らす漁師はその寄り場の魚を獲り過ぎないために知恵を巡らせていた。ところが、近代化と共に日本の人口が急激に増加し、漁業にも「釣り」ではなく、巨大資本を背景とした「網」を使った漁法が一気に流入した。ひとつの寄り場で魚を獲り尽くした船団は、次の寄り場を求めて、沖へ、沖へと漁場を拡大していったのである。

中村ら勝本の漁師が七里ヶ曽根で釣りをする際、大間のように早い者勝ちではなくルールを決めて、誰もが平等に釣りを行う仕組みを作ったのは、この海に過度な競争原理を持ち込ませないための防衛策だったのかもしれない。古くから壱岐の人々の生活は七里ヶ曽根に支えられてきたのだ。

中村は、壱岐市マグロ資源を考える会の設立に際し、こんな一文を寄せた。

「海洋国家日本における離島の意義は重い。そこに島が存在することにより、国益は広がりを有する。〔中略〕私たちはマグロをとり続けて生きてきた。それは、伝統であり、生きる術であり、そして島を支える重要な産業の一つである。私たちが一本釣りを選択したのは、海の恩恵を多くの人々で継続的に享受するための先人の知恵の結晶だからだ。島の漁師がマグロで生きていくためには、先人たちの教えを守り続けなければならない。言い換えるならば、先人の教えとは『資源管理型漁業』である」

最高峰が食べられなくなる日

九州の西の沖にある島からの漁師の訴えが、ここ数年で確実に日本全国に広まりつつある。しかし、壱岐の漁師が自主規制をしていたとしても、巻き網の操業がこれまで通りであるならば、何の解決にもならない。結局、現在になっても、漁獲枠配分の見直しも禁漁措置も取られていない。このまま漁獲量の減少が進めば、生の国産本マグロは絶滅の危機に瀕するだろう。そうなると、国内に流通するのは養殖マグロが主体となり、「最高峰のマグロ」は食べられなくなるかもしれないのだ。

こうした状況を受け、漁師だけではなく、実際にマグロを扱う鮨職人も危機感を表明し始めている。二〇一九年十月、「一般社団法人 Chefs for the Blue（シェフス・フォー・ザ・ブルー）」が主催して行われたイベント「私たちの食糧庫である海を守ろう」には、国内外から有名レストランのシェフや料理人、市場関係者、水産庁の関係者が参加した。この中で、貴重な水産資源を次世代にどうやって引き継げばいいのかが話し合われ、マグロの現状も議題に上がった。水産資源の枯渇は何もマグロに限ったことではない。壇上に立った、ある鮨職人の言葉が忘れられない。

「江戸前の鮨職人として先人から受け継いだバトンを未来につなぐことは自分たちの責務だと思っています。この貴重な文化を後世に伝えるためにも、私たち鮨職人が水産資源をめぐる現実を知るところから始めなければならない。この状況の中、何もしないかっこわるい大人になりたくない」

マグロをめぐるこうした資源の現状も頭に入れながら、本当の意味で希少なマグロを味わいたい。マグロの最高峰とは、マグロに人生を賭す、日本全国の海にかかわる人々によって作り出された、日本人の文化そのものなのである。

特別付録　マグロと言えばこの十店

ここまでマグロの最高峰について述べ、第四章で𠮷寿司と寿司金という、究極の〝マグロが旨い店〟を紹介したが、せっかくなので、もう少しだけ極私的観点から、好きな店を列挙してみたい。読者の皆さんが、自分にとっての「いい店」を見つけるためのガイドになれたら本望だ。

まず、のっけから閉店してしまった店の話で申し訳ないが、私の中で理想とするマグロの鮨を出す店は、実は二〇一六年十月末日、惜しまれながら閉店してしまった銀座「鮨水谷」だった。店の主人・水谷八郎は、「昭和の名人」と呼ばれた吉野末吉が鮨を握る京橋「与志乃」の出身だった。

少し説明しておきたい。水谷の鮨の真骨頂は、見事に計算されたシャリとマグロのバランスにある。たとえどんな上等なマグロを使っても、それを受け止めるシャリの出来が悪ければ、マグロは鮨として完成しないことを、ここで教えられた。私は水谷の中トロが大好きだった。口に入れた途端、上品なマグロの脂が、酸味の利いた硬質感のあるシャリと渾然一体となり、気がつけば儚く消えてしまっている。切りつけたマグロの厚み、シャリの温度、米の炊き加減、すべてが完璧で、まさに理想の鮨だった。この本を執筆するにあたり、私が尊敬するフードライターで、東京中の鮨屋を半世紀に渡って食べ歩いてこられた森脇慶子さんに意見を求めたところ、「私は、中トロは水谷、赤身は㐂寿司」と言われ、同意見の私と意気投合した。

バランス重視の水谷の鮨は、現代の江戸前鮨の主流だ。水谷の元で修業経験のある銀座「**さわ田**」がその筆頭だろう。若手で勢いがあるのは「**鮨とかみ**」か。赤酢のシャリがこんなにもマグロに合うのかと、再認識させられた店だ。ただ、そう簡単に予約が取れないのが残念でならない。マグロに照準を合わせた硬質感のあるシャリに、赤酢の風味がぴたりと寄り添う。

バランス重視の鮨といえば、神田神保町にある「**鮨處はる駒**」の親方は、長年、同地にあった「神田鶴八」で鮨を握っておられた方。鶴八らしい昔ながらの大振りの握りが楽しめる。ここは、季節の鮨種が書かれた木札を見ながら、好きなものを一貫ずつ注文するスタイル。「マグロをお願いします」と言うと「どのあたりがお好きですか。赤身か、脂が乗ったところか」と丁寧に好みを聞いてくれる。マグロの旨さを引き立てるのがシャリの旨さ。鮨を頬張る幸福を堪能できる。カウンターに座ってお茶を注文。マグロを中心に五、六貫握ってもらって、鶴八伝統の鉄火巻きで〆。それでも一万五千円程度。こんな良心的な鮨屋はない。近すぎず離れすぎずの親方の客あしらいも相まって、とにかく居心地がいい店。鶴八の系列では、新橋の烏森神社の近くにひっそりと暖簾を掲げる「**新ばし しみづ**」も外せない。今時の流行店とは一線を画し、つまみは控えめ。とにかく鮨を美味しく食べて欲しいという主人の心意気が随所に感じられる。

トロの旨さでは銀座「**鮨よしたけ**」が頭抜けている。切りつける厚さの塩梅がいい。鮨を食べつけていない人は、鮨種はマグロに限らず厚い方がいいと思われるかもしれない。しかし、ただの刺身ではなくシャリといっしょに食べる握り鮨の場合は、最適の厚さというものがあり、それは意外なほど薄いのだ。とくにトロの中でも大トロやカマトロなどは、口の中に入れた途端、シャリと共にサッと融けてなくなる、口どけの感覚が魅力だ。それを狙うには、厚すぎてはダメだ。――もちろん最高品質のマグロだからこその話である。石司の腹カミの一番はこの店が持っていく。

マグロの旨さを日本中に知らしめた店が奥沢「**入船寿司**」だ。すしざんまいが登場する以前、初競り一番のマグロは、当時、築地にあった「石宮」という仲卸を介して入船が仕入れていた。マグロといえば入船。マグロの全ての部位が入った「マグロ尽くし」の一万円のコースは、当時の食通の憧れだった。一九八〇年代から九〇年代初頭、日本人がマグロの旨さに目覚めてゆく過程で、この店が果たした役割は大きい。とくに「トロ」の部位は入船の真骨頂だった。今では当たり前の、煮切り醤油にくぐらせた大トロを数秒あぶってから握る「あぶり」を初めて食べさせてくれたのもこの店だった。主人は創意工夫を凝らしてマグロの旨さを世間に知らしめようとした、マグロの伝道師だった。しかし、数年前、マグロを仕入れていた「石宮」が廃業して以降は、あまりその名前をメディアで聞くことがなくなった。久しぶりに暖簾をくぐってみようか。

これまでに挙げた、国産の生の本マグロを扱う店の多くは、はる駒としみづ以外はおまかせが主流。しかも価格は平均三万円と、日常使いをするには無理がある。もっとリーズナブルな価格帯で、おいしいマグロを食べることはできないか。

豊洲市場内にある「**大和《だいわ》寿司**」は、今や行列ができる人気店。鮨を握る店主・入野信一は、水谷親方と同じ京橋「与志乃」の出身だ。もともと大和寿司の客は、築地に買い出しにやってくるプロの料理人たちだった。彼らは大和寿司で、季節の魚の味を自分の舌で確かめて、そろそろうちでも使おうか、と算段していた。つまり、プロ御用達のアンテナショップというわけだ。こうした食のプロ同士の会話に耳をそばだてながら、早朝から鮨を頬張る体験はとても勉強になった。大和寿司は、普段はミナミマグロ（インドマグロ）も使っているが、定期的に本マグロが入荷する。飛び切り上等のマグロが入った日は、のっけからトントーンと、それは見事な本マグロを握ってくれる。どんなに食べても五千―八千円で収まるのは嬉しい限りだ。

一万円程度の価格帯で、かつ本マグロを使っているという店は、探せば結構ある。銀座「**鮨　太一**」もその一軒。マグロに関しては、腹カミの一番などのような特別希少な部位を使っているわけではない。けれども、主人の握る鮨はどこまでも凛としていて、赤酢の利いたシャリとマグロの相性もいい。昼のお決まりは五千円からあり、マグロの追加にも快く応じてくれる。

初台にある「**すし宗達**」は夜だけの営業だが、全ての鮨種の価格が明示されているので安心して利用できる。本マグロの赤身、中トロ、大トロも、一貫五百円以内だ。季節感のある一品料理も充実していて、街場の鮨屋のお手本のような店だ。

最後に、マグロに限らず、私が一番好きな鮨屋を紹介しよう。日本橋牡蠣《かき》殻町《がらちょう》「**すぎた**」だ。予約が取れない人気店として有名だが、その理由は一度行ってみれば分かる。付け台の前で鮨を握る主人・杉田孝明の流れるような所作は、さながら檜舞台の上の歌舞伎役者のようだ。鮨は握る人間の「素性」を反映する。もし、自分に最後の晩餐の機会が与えられるのだとしたら、私は杉田に最高峰のマグロで鮨を握って欲しい。——いや、小肌もか。とにかく、一流のさらに先の「頂」を目指して日夜、努力する姿は、日本人が尊敬してやまない「職人」のあるべき姿そのものである。

幸運にも、こうした長く付き合うことができる店と出会えたなら、人生はきっと楽しく、豊かなものになるに違いない。

あとがき

渡辺真知子の「かもめが翔んだ日」という歌に、こんな一節がある。

人はどうして哀しくなると
海をみつめに来るのでしょうか
港の坂道駆けおりる時
涙も消えると思うのでしょうか

私がこの歌を聴いたのは、本州最北端・大間の、ある寂れたスナックだった。気の抜けたハイボールを飲みながら、生まれてから一度も町を離れたことがないという還暦を過ぎたママの身の上話に相槌を打っていたら、気を良くしたママがマイクを握ったのだ。

「この町の人はね、辛いこと、哀しいことがあると浜から海を眺めるの。それで何が変わるかって、何も変わらないんだけど、水平線にマグロ釣りの船が蜃気楼みたいにへばりついてるでしょ。ああ、時化だけど船は沖に出ているんだ。それを確認するだけで、きょうも頑張ろうって、なんだか前向きになれるの」

その言葉を聞いた時、なぜ私がマグロ漁師に魅了されているのか、初めて分かったような気がした。なぜならば、私も彼女と全く同じ気持ちで、この町に通い続けていたからだった。スケールこそ違えど、「大間のマグロ漁師」と「フリーランスの物書き」には共通点があると思っている。

まず「自由」。いつ起きて、いつ仕事をしても構わない。そもそも組織になじめないタチの一匹オオカミだ。次に「成果主義」。自由に仕事ができる反面、定収もなければ有給休暇もボーナスもない。結果だけで勝負する厳しい世界。そして「不安定」。今日と同じ漁場で明日も魚が釣れるとは限らない。一年後の自分が、どこで何をしているか全く想像がつかず、いつも目の前のことだけに追われている。それでも「好きなことを生業としている」という事実は、ちょっとだけ世間様に胸を張ることができる。毎年、年末年始に放送されている津軽海峡を舞台にしたマグロ漁師のドキュメンタリー番組が視聴率を獲得し続けているのも、実は自由なようで自由ではない、現代社会に生きる大人の自由への憧れの証だと、私は思っている。

今回、改めて「マグロの最高峰」という言葉を頼りに、マグロの流通、歴史、食文化を、その川上から川下までをまとめてみる機会を得た。それは、同時にマグロと日本人をめぐる食文化の三十年だった。確かにマグロと日本人は遡れば千年の単位で関わりがあるのだが、ここまでマグロがもてはやされるようになったのは、この三十年ということになる。かつて「下魚」として扱われていた魚が、日本人の味覚の頂点に君臨するようになったのは、間違いなく江戸前鮨という食文化があったからだ。この日本を代表する「鮨」という文化と共に、マグロはこれからも生き続けてゆくだろう。読者の方々も、ぜひ、人生観を変えるようなマグロにいつかめぐり会って欲しい。

その一方、改めて日本各地の港や市場、鮨職人の世界をめぐってみて、将来に対する危機感を覚えたのも事実だ。その第一の理由はやはりマグロ資源の枯渇だ。全国で名だたる漁師が廃業に追い込まれている。現在、本マグロの一匹あたりの値段は、平時であれば百万円前後だが、今後、マグロの資源量がさらに減少すれば、平時でも二、三倍に跳ね上がる可能性がある。そうなると、単純計算で鮨一貫当たりの値段も二、三倍になっておかしくない。価格が高騰しているのはマグロだけではないことを考えると、回っている寿司以外は、庶民には手の届かない嗜好品になるかもしれない。

第二の理由は人材不足である。漁師や市場などは言うまでもなく、一見、華やかに見える鮨の世界も常に、人材不足に頭を悩ませている。鮨屋の主人が数人寄れば、いつも話題になるのは「いい若い子いない？」だ。鮨の世界では主人は親方、見習いは小僧と呼ばれ、一人前の職人となるまで最低でも十年を要する。仕事は早朝から深夜まで。職人の「修業」の世界は、お上が定めた労働基準法の精神にはそぐわない。

職人の海外流出も深刻だ。鮨のグローバル化に伴い、富裕層が集まる世界の都市では「SUSHI RESTAURANT」の新規開店が進む。こうした海外の超高級店に勤める職人の年俸は八百万円。英語など語学もできれば一千万円超も夢ではない。国内の場合、職人が手にする給与はその半分。将来、自分の店を持つことが夢の若者にとって、海外への挑戦は資金面でも独立への近道なのだ。有名店で修業した肩書を狙った「引き抜き」も横行していて、職人の争奪戦はグローバル・ビジネスに発展している。

そして、第三の理由が気候変動だ。例えば、マグロの餌となるスルメイカやサンマの減少は、人間による乱獲も原因のひとつだが、それ以上に気候変動という遥かに大きなスケールで日本近海の環境が変化していると、漁師の誰もが口を揃えた。地震や台風、集中豪雨などの災害の頻発も漁業に大きなダメージを与える。

「食べること」はそのまま社会に、時には政治につながっている。食べるという行為には、食べる喜びと同時に、食べなくては生きてゆけない辛さも内包されている。生きる糧を失い、陸に上がらざるを得ないマグロ漁師がいることも忘れてはいけない。いつまでも、マグロがこの国の最高峰の味と言えるようにするためには、食べる側にも責任があることを忘れてはならないと最後に一言、付け加えさせていただきたい。私もマグロをめぐる冒険をこれからも続けていくことをお約束したい。

後書きを終えるにあたり、本書に登場いただいた全てのマグロ関係者の皆様にお礼を申し上げたい。本書の原稿は、過去に各媒体で書かせてもらった特集記事が元になっている。その意味では、執筆の機会を与えてくださった料理雑誌『dancyu』元編集長・江部拓弥さん、ニュース週刊誌『AERA』の元編集長・浜田敬子さんには感謝するばかりだ。そして、最後に本書の企画段階から伴走していただき、編集の労を引き受けてくださったNHK出版の倉園哲さんがいなければ、この本は完成しなかった。多忙を理由に、いつ原稿が届くかも分からない「蕎麦屋の出前」状態の私に、最後まで根気強くお付き合いいただいた。

ここに感謝の気持ちを記して、この後書きを終えることにする。

二〇一九年十一月

中原一歩

中原一歩　なかはら・いっぽ
1977年、佐賀県生まれ。
雑誌を中心に取材記者を始め、
新聞・ウェブメディアなどでも記者として活躍中。
事件が起きると一番乗りで現地入りし、
迫真のルポを書くことで定評がある。
著書に『私が死んでもレシピは残る――小林カツ代伝』(文藝春秋)、
『最後の職人――池波正太郎が愛した近藤文夫』(講談社)など。
マグロの取材は長く、地方の鮨屋をめぐる「旅鮨」もライフワークとする。

NHK出版新書 609
マグロの最高峰
2019年12月10日　第1刷発行

著者　中原一歩
発行者　森永公紀
発行所　NHK出版
〒150-8081 東京都渋谷区宇田川町41-1
電話 (0570) 002-247 (編集) (0570) 000-321 (注文)
http://www.nhk-book.co.jp (ホームページ)
振替 00110-1-49701

ブックデザイン　albireo
印刷　壮光舎印刷・近代美術
製本　二葉製本

Printed in Japan ISBN978-4-14-088609-0 C0295

NHK出版新書好評既刊

救急車が来なくなる日
医療崩壊と再生への道
笹井恵里子
119番ではもう助からない!? 都心の大病院から離島唯一の病院までを駆け巡ったジャーナリストが、救急医療のリアルと一筋の希望をレポートする。
594

幸福な監視国家・中国
梶谷懐
高口康太
習近平政権のテクノロジーによる統治が始まった。なぜ大都市に次々と「お行儀のいい社会」が誕生しているのか!? その深層に徹底的に迫る一冊!
595

8050問題の深層
「限界家族」をどう救うか
川北稔
若者や中高年のひきこもりを長年研究してきた社会学者が、知られざる8050問題の実相を明らかにし、従来の支援の枠を超えた提言を行う。
596

革命と戦争のクラシック音楽史
片山杜秀
優美で軽やかなモーツァルトも軍歌を作っていた? 「第九」を作ったのはナポレオン? 世界史と音楽史が自在に交差する白熱講義!
597

誰も知らないレオナルド・ダ・ヴィンチ
斎藤泰弘
芸術家であり、科学者でもあった「世紀の偉人」がなりたかったのは、「水」の研究者だった? 自筆ノートから見えてくる「天才画家」の正体とは――。
598

男の「きょうの料理」
絶品! ふわとろ親子丼の作りかた
NHK出版［編］
NHK「きょうの料理」とともに歩んできた番組テキストで紹介されたレシピの中から、しっかり作れてきちんとおいしい「丼」70品を厳選収載!
599

NHK出版新書好評既刊

NHK出版新書好評既刊

森保ジャパン 世界で勝つための条件
日本代表監督論
後藤健生
新生サッカー日本代表「森保ジャパン」が世界の壁を突破するためには、何が必要なのか? 代表監督の系譜から考える。歴代監督12人の独自採点付き。
606

証言 治安維持法
「検挙者10万人の記録」が明かす真実
NHK「ETV特集」取材班[著]
荻野富士夫[監修]
1925年から20年間にわたって運用された治安維持法。当事者の生々しい肉声と検挙者数のデータから、その実態に迫った「ETV特集」の書籍化。
607

明智光秀
牢人医師はなぜ謀反人となったか
早島大祐
文武兼ね備えたエリート武将は、いかに本能寺の変へと追い詰められたか。気鋭の中世史家が最新の研究成果を踏まえ、諸説を排し実証的に迫る渾身作!
608

マグロの最高峰
中原一歩
豊洲で一日に並ぶ二百本の上位「二、三本」は何が違うのか? 漁師・仲買人・鮨職人に長年密着取材してきた作家による、究極の「マグロ入門」誕生!
609

「超」現役論
年金崩壊後を生き抜く
野口悠紀雄
決してバラ色ではない「人生100年時代」。国にも会社にも、もう頼れない! 老後の暮らしを守る唯一の方法を、日本経済論の第一人者が提言する。
610